내 몸 안의 잠의 원리

수면의학

수면의 메커니즘과 수면장애를 이해하는 흥미로운 탐험!

내 몸 안의 잠의 원리

수면 의학

우치다 스나오 지음 | **황소연** 옮김

전나무숲

쾌적한 수면을 위해 수면의학을 공부하자!

잠은 인간의 생활에 매우 밀접하게 관여하고 있다. 그도 그럴 것이, 우리는 밤에 잠들고 아침에 깨어나면서 수면과 각성 활동을 이어가기 때문이다. 그래서 수면 시간대가 일정하지 못한 경찰관이나 간호사 같은 직업군은 수면에 더욱 신경쓰며 생활할 수밖에 없다.

어떤 상황에서든 힘들이지 않고 제 시간에 잠들 수 있다면 잠자리에 드는 일이 즐거움이자 달콤한 휴식이 될 테지만, 수면장애로 고민을 안고 있는 사람은 마땅히 편안해야 하는 휴식 시간이 매우 괴로운 시간으로 전락하고 만다. 세상 사람들이 쌔근쌔근 자는 시간에 자고 싶어도 못 잔다면 얼마나 괴로울까? 상상만 해도 끔찍하다. 아무리 노력해도 잠을 이루지 못해 잠잘 시간이 다가오는 것 자체가 고통이다.

불면에 시달리는 사람은 머릿속이 온통 잠을 자야 한다는 생각으로 가득하고, 낮에 깨어 있는 동안에도 밤에 어떻게 하면 잠들 수 있을지 고민하게 된다. 결과적으로 '낮잠이라도 자서 잠을 보충할까? 아냐! 낮잠을 자면 밤에 더 잠이 안 올지도 몰라!' 하며 하루 종일 '잠' 생각에 빠져 지낸다.

수면장애는 단순히 잠들지 못하는 '불면증'에만 국한되지 않는다. 너무 많이 자는 '과다수면증'도 문제가 된다. 또렷이 깨어 있어야 할 시간에 잠이 몰려온다면 생활에 불편을 주는 것은 물론이고 심각한 문제가 생길 수도 있다. 특히 고도의 집중력이 필요한 기계 조작이나 운전을 하는 도중에 잠이 몰려오면 치명적인 실수를 해서 매우 위험한 상황에 빠질 수 있다. 게다가 낮에는 쏟아지는 졸음에 괴롭고 밤에는 숙면을 취하지 못해서 힘든 경우가 많다.

　일정한 시간에 잠들지 못하는, '수면 시간대 문제'로 괴로워하는 사람도 있다. 극히 일부 사람들을 제외하고 사회라는 테두리 안에서 생활하려면 자신이 원하는 시간에 취침하고 기상하는 것이 쉽지 않다. 영화를 보느라 새벽에 자더라도 등교 시간이나 출근 시간에 맞춰서 일어나야 한다. 하지만 아무리 노력해도 사회생활에 적합한 시간에 일어날 수 없는 사람도 분명히 있다. 일찍 자고 일찍 일어나려고 밤 10시 즈음 잠자리에 누웠지만 새벽까지 잠들지 못하다가 가까스로 새벽 5시쯤 잠이 들면 아침 일찍 일어나지 못하는 악순환이 반복되는 것이다.

이 밖에도 잠은 쉽게 들지만 '수면 중의 문제'로 괴로워하는 사람도 있다. 코를 심하게 골거나, 이를 갈거나, 자다가 벌떡 일어나서 엉뚱한 행동을 하는데 정작 다음 날 아침에는 전혀 기억하지 못하는 사례도 있다.

이처럼 다양한 수면 문제의 해결책을 모색할 때는 수면에만 한정해서 생각하면 정확한 처방을 내리기가 어렵다. 인간은 수면과 각성을 되풀이하면서 생활하기 때문에 낮 동안의 각성 상태가 밤 시간의 수면에 크게 영향을 끼칠 수밖에 없다. 따라서 하루를 어떻게 보내는지도 야간 수면의 질을 좌우하는 요인이 된다. 이런 이유에서 운동과 수면의 관계를 살펴보는 데 도움이 될 만한 흥미로운 연구 활동도 소개해두었다.

이 책은 수면 클리닉에서 이루어지는 임상 관련 지식을 소개하는 것에 주안점을 두었다. 본문 내용을 잠시 살펴보면, 1장에서는 인간의 수면을 개괄적으로 정리했다. 수면 연구의 역사, 수면의 구조와 리듬, 연령에 따른 수면의 변화 등 수면과 관련된 의학적 기초 지식을 하나씩 살펴본다. 3장에서는 이와 같은 수면의학 지식을 바탕으로 수면의 메커니즘이 제대로 작동하지 못할 때 어떤 수면장애가 발생하는지 각각의 수면 질환을 구체적으로 알아본다. 수면장애의 진단과 치료가 필요한 사람들을 위한 수면 클리닉 정보는 2장에, 수면제에 대해서는 4장에 실었다.

수면장애를 이해하는 데 필요한 수면 지식은 칼럼 등의 코너를 따로 마련해서 그때그때 적절한 설명을 곁들이고자 했다. 요컨대 수면 질환을 공부하면서 수면의학 지식을 두루 익힐 수 있는 다채로운 구성을 모색한 셈이다.

　지난 10여 년 동안 수면의학은 눈부시게 발전했고, 전문 수면의료센터가 속속 개설되어 임상 현장에서 수면 질환을 폭넓게 다루고 있다. 이에 발맞추어 수면 관련 서적도 잇달아 출간되고 있는데, 전문적인 내용을 소개하면서 일반 독자들이 이해하기 쉬운 입문서는 그리 많지 않은 것 같다.

　아무쪼록 이 책을 통해 수면의학을 이해하고, 나아가 독자 여러분이 쾌적한 수면을 이루는 데 조금이나마 도움이 되기를 간절히 바란다.

_ 우치다 스나오

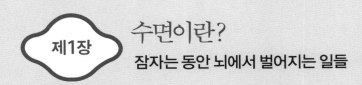

제2장

수면 클리닉에선 무엇을 하나?
수면장애 여부를 밝혀줄 다양한 검사들

혹시 나도 수면장애?
다양한 수면장애, 증상부터 치료까지

수면제, 무엇을 어떻게 먹어야 할까?
수면제의 안전한 사용법부터 부작용까지

제4장

제1장 수면이란?

잠자는 동안 뇌에서 벌어지는 일들

1.1 수면 연구의 역사

예부터 사람들은 잠자는 동안 의식이나 몸속에서 어떤 변화가 일어나는지를 무척 궁금해했다. 하지만 인간의 수면 상태를 알아보는 일은 매우 어려운 작업이었다. 그러나 의학과 뇌과학이 발달하고 뇌파 등 생리학적 지표를 기록할 수 있게 되면서부터 비로소 인간의 수면은 조금씩 베일을 벗기 시작했다.

뇌파의 발견과 수면 측정

수면은 뇌의 적극적인 활동의 하나이기 때문에 뇌의 움직임을 관찰하는 방법이 마련되어 있지 않으면 수면 상태를 확인할 길이 없다(☞25쪽 칼럼). 오늘날에는 인간의 뇌 활동을 외부에서 살펴보는 장치가 다양하게 고안되어 있는데, 이것이 가능해진 계기는 뇌파 기록법이 개발되면서부터다. 독일의 신경과학자이자 정신과 의사인 한스 베르거(Hans Berger, 1873~1941)가 뇌의 움직임을 뇌파로 기록할 수 있는 방법을 1920년대에 발견한 것이다(그림 1-1).

한스 베르거(1873~1941)

한스 베르거가 고안한 뇌파 기록기 :
베르거는 1924년에 인간의 뇌파 활동을 최초로 기록했
으며, 그 실험 결과를 1929년에 발표했다.

베르거가 기록한 뇌파

뇌에는 수많은 뉴런(neuron), 즉 신경세포가 존재한다. 각각의 신경세포는 전하를 띤 이온이 세포막 안팎으로 드나들면서 전기적인 활동을 띠게 된다. 이런 신경세포의 활동이 모여 신경망을 구성하고, 이들 신경망이 전체적인 뇌 활동의 작동 원리라고 알려져 있다.

뇌파 검사는 두피에 부착한 전극을 통해 신경세포의 모든 전기 활동을 측정하는 장치로, 뇌의 신경 활동을 실시간으로 기록하는 훌륭한 검사법이다. 뇌파 기록 장치를 이용해서 인간이 잠자고 있을 때의 뇌파를 측정했더니 뇌파의 파형에서 두드러진 변화를 관찰할 수 있었다. 즉 인간의 뇌는 또렷하게 깨어 있을 때, 꾸벅꾸벅 졸고 있을 때, 깊은 잠에 빠져 있을 때 등의 의식 상태에 따라 움직임이 달라지고, 뇌파는 이런 뇌의 변화를 예리하게 반영한다는 것이다(그림 1-2).

그림 1-2 수면 연구 초기에 제시된 입면기 수면 단계의 분류 (렘수면 발견 이전)

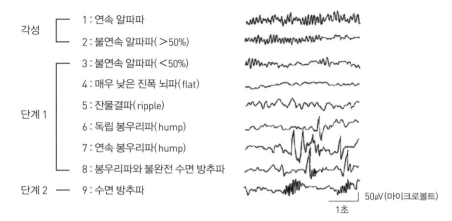

수면 단계

각성
1 : 연속 알파파
2 : 불연속 알파파 (＞50%)

단계 1
3 : 불연속 알파파 (＜50%)
4 : 매우 낮은 진폭 뇌파 (flat)
5 : 잔물결파 (ripple)
6 : 독립 봉우리파 (hump)
7 : 연속 봉우리파 (hump)
8 : 봉우리파와 불완전 수면 방추파

단계 2
9 : 수면 방추파

50μV (마이크로볼트)

1초

잠자는 동안 뇌파의 파형이 달라진다는 사실을 발견했다. 위의 그림은 알프레드 루미스(Alfred Loomis) 연구팀이 1937년에 발표한 수면 단계를 재구성한 것이다. 렘수면이 발견되기 이전이므로 렘수면은 위의 분류에 넣지 않았다.

따라서 뇌파를 측정하면 잠자는 사람을 자극하지 않고도 수면 중에 일어나는 뇌의 활동 변화를 객관적으로 관찰할 수 있다. 2장에서 소개할 '수면다원검사'는 이런 뇌파 검사에서 한걸음 더 나아가 수면 상태를 다각도로 검사하는 방법이다.

렘수면의 발견

1950년대에 접어들자 잠자는 동안 뇌파뿐만 아니라 눈동자의 움직임 등 다양한 생리적 변화를 수면 시간 내내 측정할 수 있게 되었다.

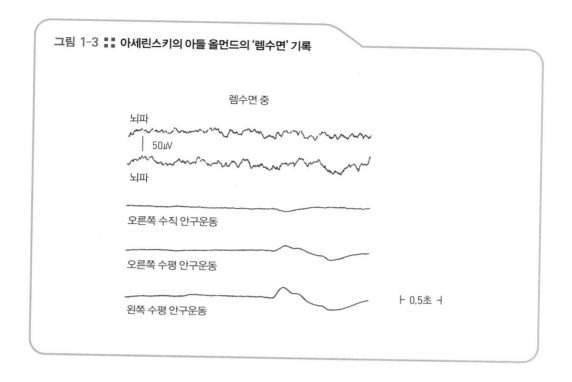

그림 1-3 :: 아세린스키의 아들 올먼드의 '렘수면' 기록

렘수면 중

뇌파

50μV

뇌파

오른쪽 수직 안구운동

오른쪽 수평 안구운동

왼쪽 수평 안구운동

⊢ 0.5초 ⊣

　미국 시카고대학교의 생리학자이자 수면 연구학자인 너새니얼 클라이트먼(Nathaniel Kleitman, 1895~1999)은 당시 대학원생이었던 유진 아세린스키(Eugene Aserinsky, 1921~1998)에게 수면 초기에 나타나는 느린 안구운동이 하룻밤 동안 어떻게 변화하는지 알아보는 연구 과제를 냈다. 아세린스키는 여덟 살 된 자신의 아들 올먼드를 대상으로 수면 상태를 기록하기 시작했다. 그 결과 한밤중에 눈동자가 뱅글뱅글 돌아가는 듯한 안구의 빠른 움직임을 관찰할 수 있었다. 이때 뇌파는 깨어 있을 때와 비슷한 파형을 띠고 있어서 아세린스키도 처음에는 아들이 잠에서 깨어난 줄 알았다. 하지만 검사실에 들어가 살펴보니 아들은 여전히 쌔근쌔근 자고 있었다.

　결과적으로 눈을 감고 잠에 빠져 있지만 눈꺼풀 아래에서는 눈동자가 뱅글뱅글 움직이는 특이한 수면 양상을 확인한 셈이다. 바로 이것이 1953년 '렘수면'의 발견이다(그림 1-3). '렘(REM; Rapid Eye Movement)'이라는 용어는 '급속 안구운동'을 지칭하고 눈동자의 빠른 움직임, 즉 급속 안구운동이 나타나는 수면을 '렘수면(REM sleep)'이라고 부르게 되었다.

이후 수면 연구를 통해 하룻밤의 수면 시간 동안 렘수면이 주기적으로 나타난다는 사실을 확인할 수 있었다. 더욱이 렘수면 시기에는 눈동자가 빠르게 움직이고, 다양한 신체적 특징이 나타난다는 새로운 연구 결과도 속속 밝혀졌다. 예컨대, 렘수면 중에는 몸이 이완되어 근육 활동이 크게 저하되고 남성의 경우 음경 발기가 나타난다. 또 심장박동이나 호흡 등을 조절하는 자율신경계가 불안정해지기도 한다.

∷ 뇌파 측정을 통해 뇌의 활동 상태를 알 수 있다!

렘수면이 아닌 수면

　렘수면을 발견한 이후 '논렘수면(non-REM sleep)'이라는 단어도 생겨났다. 논렘수면이란 말 그대로 '렘수면이 아닌 수면'을 뜻한다. 렘수면이 처음 발견된 1953년 이전까지는 수면이라고 하면 흔히 '잠'이라는 개념밖에 없었다. 그런데 수면의 질이 전혀 다른 렘수면이 발견되자 이를 구별하기 위해 렘수면이 아닌 수면을 모두 논렘수면이라고 부르게 된 것이다. 앞에서 소개했듯이 렘수면은 눈동자의 빠른 움직임을 동반하는 수면을 가리킨다.

　렘수면과 논렘수면의 특징을 표 1-1에 정리해두었다. 렘수면 상태에서는 뇌가 비교적 활발하게 활동하고 근전도의 활력 수준이 저하된 양상을 띠기 때문에 몸이 휴식하는 '신체의 수면'이라고 부르고, 반면에 논렘수면 상태에서는 뇌가 거의 활동하지 않기 때문에 뇌가 휴식하는 '뇌의 수면'이라고 구분

표 1-1 :: 렘수면과 논렘수면

	렘수면	논렘수면
다른 명칭	역설수면, 파라수면	오르토수면*
뇌	**비교적 활발한 활동 상태**	**휴식 상태**
몸(근육)	**휴식 상태로,** 근전도가 거의 최저 수치를 나타낸다.	**쉬고 있지만,** 간혹 근전도에서는 미비한 활동을 보인다.
출현 시기	60~120분의 수면 주기 가운데 마지막에 나타난다. 수면 전반부의 수면 주기에서는 비교적 짧게 나타나지만, 수면 후반부에서는 길어진다.	수면 개시는 논렘수면부터 시작되고 렘수면과 번갈아 나타남으로써 하나의 수면 주기를 형성한다. 서파수면(24쪽)은 수면 전반부에 주로 볼 수 있다.
자율신경계의 변화	자율신경계가 불안정해진다. 심장박동의 변동이 크다.	부교감신경의 우위로 휴식 상태이며 심장박동도 줄어든다.

* 렘수면은 인간의 수면을 설명할 때 자주 사용하는 표현이고, 동물의 수면을 기술할 때는 '역설수면(Paradoxical Sleep)' 혹은 '파라수면'이라는 용어를 주로 쓴다. 이때 '역설'의 의미는 렘수면 시 뇌파 활동이 각성 시의 뇌파 활동과 비슷해서 잠을 자고 있지만 뇌파는 깨어 있을 때와 유사하다는 점에서 '역설적인' 수면이라는 뜻이다. 반면에 '논렘수면'은 '오르토수면(Ortho Sleep)'이라고도 부르는데, 뇌가 활동하는 역설적인 수면에 비해 '정통적'이라는 의미에서 '오르토'라는 별칭이 붙었다.

해서 부르기도 했다. 하지만 논렘수면 중에도 분명히 몸은 편안히 누워서 쉬고 있고 심장박동도 느려지므로 뇌와 마찬가지로 몸도 휴식하고 있다고 말할 수 있다. 즉 논렘수면 중에는 뇌와 신체가 함께 쉬는 정통적인 잠의 개념에 충실하다고 볼 수 있다.

물고기를 자세히 관찰해보면 마치 잠을 자고 있는 것처럼 움직임이 적은 시기가 있는데 이런 부동기가 렘수면의 원형이다. 그런 의미에서 렘수면은 논렘수면보다 진화 역사상 더 오래된 수면이라고 여겨진다. 한편 논렘수면은 진화를 거듭하면서 각성 시에 엄청난 일을 처리하게 된 대뇌가 온전히 쉬기 위한 수면의 형태로 렘수면보다는 진화의 역사가 짧은 수면이라고 말할 수 있다.

오늘날 수면의학에서는 렘수면과 논렘수면의 두드러진 특징 및 차이점을 수면다원검사로 세밀하게 관찰하고 있다. 20~30초의 짧은 기록 단위를 설정해두고 해당 구간에 따라 논렘수면, 렘수면으로 구분해나가면 입면기부터 각성까지의 다양한 변화를 속속들이 포착하게 된다.

1.2 수면의 기초 지식 ①
수면의 질

지금까지 렘수면과 논렘수면이라는 전혀 다른 형태의 수면이 있다는 사실을 소개했다. 이제는 두 가지 수면 형태에서 더 나아가 수면 관련 지식을 하나씩 공부해보자.

규칙적인 수면 주기

렘수면과 논렘수면은 불규칙적으로 나타나는 것이 아니라 60~120분 주기로 번갈아 나타난다. 간혹 수면 주기를 90분 주기라고 단정지은 자료도 있지만, 수면 주기는 편차가 매우 심해서 렘수면이 나타나는 시각을 정확히 예측하기란 매우 어렵다. 따라서 60~120분 정도의 범위에서 수면 주기를 생각하는 것이 일반적이다.

대체로 우리가 편안하게 잠들었을 때 가장 먼저 맞이하는 수면은 논렘수면이다. 다만 건강한 신생아나 기면병을 앓고 있는 환자의 경우 잠이 들자마자

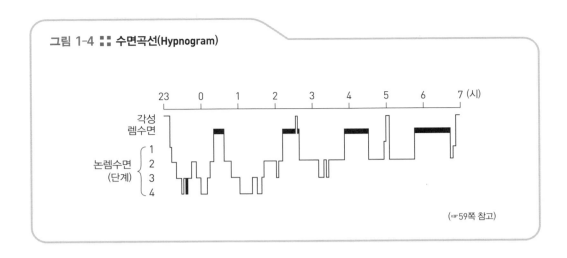

그림 1-4 :: 수면곡선(Hypnogram)

(☞59쪽 참고)

렘수면에 빠지기도 한다.

논렘수면에서는 수면서파라고 부르는 특징적인 뇌파가 관찰된다. 수면서파는 매우 크고(높은 진폭), 느린(낮은 주파수: 1~3Hz) 뇌파를 말하는데, 이는 뇌의 대뇌겉질(대뇌피질)의 활동이 저하되었음을 뜻하며 깊은 잠에 빠졌음을 나타낸다. 이 수면서파는 수면 전반부에 해당하는 1~2회의 수면 주기에 흔히 나타나며, 수면 후반부인 새벽녘에는 거의 나타나지 않는다. 수면서파가 빈번하게 출현하는 수면 시기를 '서파수면(SWS: Slow Wave Sleep) 단계'라고 부른다.

한편 하룻밤의 수면 주기를 전반부와 후반부로 나누었을 때 렘수면의 길이는 수면 전반부에 특히 짧아서 30초 미만이거나 심지어 렘수면이 출현하지 않을 때도 있다. 하지만 수면 후반부에는 렘수면의 길이가 길어져서 30분 정도에 이르기도 한다(그림 1-4).

서파수면과 렘수면이 나타나는 방식

한밤중에 잠이 들면 서파수면은 수면 전반부에 많이 나타나고, 렘수면은 이른 새벽부터 오전 시간대에 빈번하게 나타난다(그림 1-4). 이들 두 가지 수면은 서로 다른 메커니즘에 따라 작동하는 것으로 알려져 있다.

이 메커니즘을 이해하면 밤에 잠을 잘 자는 것이 얼마나 중요한지 알 수 있다. 해가 뜰 무렵인 새벽 5시에 잠자리에 든다고 가정해보자. 잠을 자기 시작하면 먼저 수면 전반부에 주로 출현하는 서파수면이 등장하려고 할 것이다. 그런데 새벽녘은 렘수면이 빈번하게 출현하는 시각이므로 새벽 5시에 잠들자마자 렘수면도 무대에 오르려고 한다. 이렇게 되면 서파수면과 렘수면이 경쟁을 벌여 서로의 수면을 억제하게 된다. 결과적으로 자연스러운 수면의 흐름을 만들지 못하고 수면 단계에 혼란을 초래하고 만다.

측정하기 어려운 수면의 깊이

오늘날에는 수면다원검사(☞56쪽)로 수면의 질을 비교적 쉽게 관찰하고 있다. 하지만 현대식 수면 검사법을 이용하지 않고 수면의 깊이를 가늠하는 일은 생각보다 훨씬 어려운 작업이다.

깊은 잠에 빠진 사람을 깨우기 어려울 것이라는 추측은 예나 지금이나 마찬가지여서, 수면의학이 자리잡기 훨씬 이전에는 소리의 크기를 달리함으로써 수면의 깊이를 측정했다. 지금은 몇 데시벨(dB)의 소리를 귀에서 몇 미터 떨어진 곳에 있는 스피커로 울리느냐 하는 식으로 소리의 크기를 자유자재로 조절할 수 있지만, 과학적인 측정법이 개발되기 전에는 일정한 높이에서 돌을 떨어뜨려 소리를 내는 방식으로 소리의 크기를 조절했다(26쪽 그림).

그런데 이와 같은 실험 방식에서는 인위적인 소리에 노출된 실험 참가자의 수면이 얕아지고 소리가 난 시점에서 자연스러운 수면 단계가 어그러진다는 한계에 부닥뜨리게 된다. 게다가 실험 참가자가 소리를 듣고 잠에서 깨더라

그림 1-5 ▫▫ 각성에 필요한 소리의 크기를 관찰한 실험
콜쉬터(1862) 및 마이컬슨(1897)의 연구

A. 콜쉬터

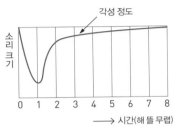

각성 정도

소리크기

시간(해 뜰 무렵)

B. 마이컬슨

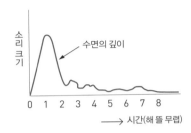

수면의 깊이

소리크기

시간(해 뜰 무렵)

독일인 의사 에른스트 콜쉬터(Ernst Kohlschütter, 1837~1905)는 진자 모양의 해머가 석판에 부딪치는 장치를 고안해서 움직이는 해머의 각도에 따라 소리의 크기를 조절했다. 각성에 필요한 소리의 크기를 관찰한 결과, 수면의 깊이는 새벽 시간을 향할수록 얕아진다는 사실을 알아냈다.

에스토니아의 정신과 의사인 에두아르트 마이컬슨(Eduard Michelson, 1861~1944)은 콜쉬터와 마찬가지로 딱딱한 공을 일정한 높이에서 떨어뜨림으로써 소리를 조절하는 실험을 통해 각성에 필요한 소리 크기와 수면 깊이의 상관관계를 시간 경과에 따라 측정했다.

콜쉬터의 실험 결과를 나타낸 그림 A에서는 새벽 시간이 가까워짐에 따라 수면의 깊이가 점차 얕아지지만, 마이컬슨의 실험 결과를 나타낸 그림 B의 경우 새벽 시간을 향해 수면의 깊이가 얕아지는 점은 동일하지만 작은 진폭의 주기를 확인할 수 있다. 그림 B에 나타난 작은 진폭이 논렘수면-렘수면의 주기와 일치하는지는 정확하게 밝혀지지 않았지만, 콜쉬터의 실험보다는 마이컬슨의 실험이 수면의 깊이에 관한 더 세밀한 연구라고 말할 수 있을 것이다.

[참고: http://www.sidis.net/spdpdchap2.htm]

도 그 소리의 크기가 실험 참가자를 각성시키는 가장 작은 소리인지 아닌지는 확인할 방법이 없다. 따라서 소리 자극에도 실험 참가자가 소리에 상관없이 계속해서 잠을 자거나, 소리를 듣고 깨더라도 이 실험 결과를 실험 참가자의 수면 깊이를 판단하는 정확한 기준으로 삼기에는 여러모로 부족하다.

또 뇌파의 발견으로 알려진 사실이지만, 지극히 얕은 수면 주기의 뇌파와 매우 흡사한 활동 유형을 나타내는 렘수면 중에는 소리 자극에 반응하지 않을 때도 있다고 한다. 그렇다면 뇌는 어느 정도 활동하고 있는데 소리에 제대로 반응하지 않는 이유는 무엇일까? 이는 렘수면 중에 외부의 소리 자극을 차단하는 시스템이 작동하는 것으로 여겨진다. 요컨대 큰 소리를 듣고도 잠에서 깨지 않는다고 해서 반드시 깊은 수면에 빠졌다고 단정짓기는 어렵다는 것이다.

이와 같은 이유로 수면의 깊이를 측정하는 일은 매우 어려운 작업이다.

1.3 수면의 기초 지식②
수면 리듬

24시간 주기 리듬과 자유진행 리듬

대체로 24시간 주기 리듬으로 작동하는 수면 메커니즘은 밤시간대에 잠드는 시스템으로 고안되어 있다. 따라서 낮에 활동하고 밤에 자는 시스템에서 벗어난 불규칙한 수면은 수면의 질을 떨어뜨린다. 교대근무자의 수면(☞170쪽)이 문제가 되는 것도 바로 이런 이유에서다. 요컨대 낮보다는 밤에 자야 더 깊이 더 편안하게 수면을 취할 수 있다.

한편 외부 상황을 확인할 수 없어 낮인지 밤인지 모르는 상태에서 시계도 없이 생활한다면 24시간보다 긴 25시간 이상의 주기로 활동한다고 알려져 있다. 만약 빛이 완벽하게 차단된 공간에 있으면서 잠자는 시간마저 정해져 있지 않다면 수면 시간대가 점점 늦어지는 셈이다. 이처럼 인간이 본래 지닌 고유한 리듬으로 생활하는 것을 무동조 상태 혹은 '자유진행 리듬(free-running rhythm)' 상태라고 한다(그림 1-5).

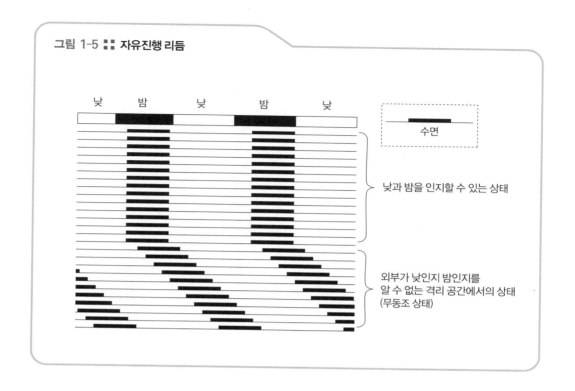

그림 1-5 ▪▪ 자유진행 리듬

낮과 밤을 인지할 수 있는 상태

외부가 낮인지 밤인지를
알 수 없는 격리 공간에서의 상태
(무동조 상태)

수면

동조화 인자

일상생활에서 우리는 고유한 자유진행 리듬이 아닌, 24시간 주기에 맞춰 생활하고 있다. 그 이유는 무엇일까? 몇 가지 요소를 꼽을 수 있는데 주된 원인은 바로 빛이다. 낮에는 밝아지고 밤에는 어두워지는 햇빛이 생체리듬에 영향을 끼치는 것이다. 실제로 이른 오전 시간대에 강한 햇빛을 쬐면 체온 리듬의 주기가 조금 앞당겨진다고 한다. 결과적으로 인간이 지닌 25시간의 생체리듬이 24시간 주기로 동조화되어가는 셈이다.

또 햇빛이 들지 않아서 낮밤을 인지할 수 없는 곳이더라도 시계나 텔레비전, 라디오 등으로 바깥의 상태를 추측할 수 있다면 대체로 24시간 주기에 맞춰서 생활할 수 있다. 이렇게 시각을 알려주는 인위적인 요소나 회사의 출근

그림 1-6 :: 동조화 인자

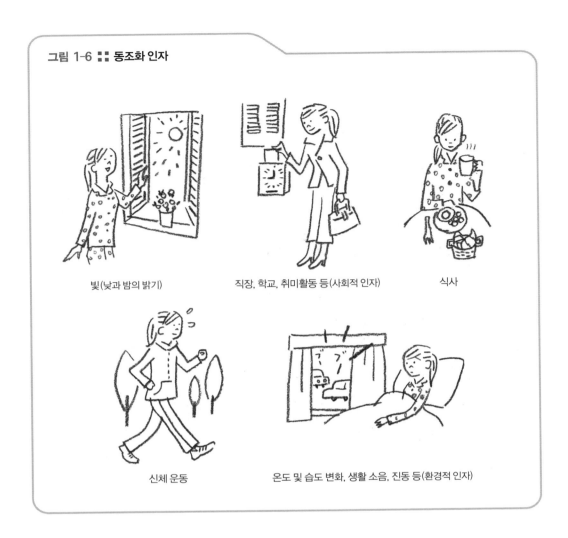

빛(낮과 밤의 밝기)

직장, 학교, 취미활동 등(사회적 인자)

식사

신체 운동

온도 및 습도 변화, 생활 소음, 진동 등(환경적 인자)

*
차이트게버
Zeitgeber.
'시간을 제공하는 자
(time-giver)'라는
의미의 독일어

시간처럼 행동의 근거가 되는 외적인 요소를 '사회적 인자'라고 부른다. 식사나 운동도 생체리듬에 영향을 주는 요소로 알려져 있는데, 이처럼 본래 인간이 지닌 25시간 주기 리듬을 24시간에 동조시켜나가는 인자를 동조화 인자, 혹은 차이트게버*라고 한다(그림 1-6).

요컨대 우리는 원래 인간이 갖고 있는 약 25시간의 생체주기를 다양한 동조화 인자의 도움을 받아 24시간 주기로 수정하면서 생활을 하고 있다.

지구 속 여행

만약 동조화 인자가 없다면 인간은 어떻게 생활할까?

근대 공상과학 소설의 선구자인 프랑스의 소설가 쥘 베른(Jules Verne, 1828~1905)은 1864년에 《지구 속 여행(Voyage au centre de la Terre)》이라는 고전 과학 소설을 발표했다. 작품에 등장하는 주인공 일행은 땅 밑에 있는 잃어버린 세계로 향하는 암호를 풀고 땅 밑 세계로 모험을 떠난다. 소설 가운데 지구 내부의 모습을 묘사한 대목을 인용해보면 다음과 같다.

"내가 바다 저 멀리까지 볼 수 있었던 것은 아주 '특별한' 빛이 풍경 곳곳을 세밀하게 비추었기 때문이다. 그것은 빛나는 광선과 화려하게 퍼지는 반사광을 머금은 태양 빛도 아니고, 어슴푸레하고 차가운 반사광에 지나지 않은 달빛도 아니었다. 이들과는 전혀 다른 빛이었다. 빛의 세기, 산란광의 흔들림, 밝고 메마른 백색, 뜨겁지 않은 온도, 달빛을 훌쩍 뛰어넘는 밝기에서 그 빛이 전기적인 성질을 띠고 있음을 또렷이 알 수 있었다. 바다를 감싸안을 정도로 드넓은 지구 속 동굴의 빛은 마치 오로라와 같은 우주 현상으로 끊임없이 채워지고 있었다."

실제로 지구 속 동굴 여행을 한다면 캄캄한 지하세계에 있는 동안은 지상의 낮과 밤을 인지할 수 없을 것이다. 이처럼 지상의 햇빛이 차단된 지하 동굴에서 시계도 없이 몇 주간 생활하다 보면 우리의 생체 주기는 자연스럽게 자유진행 리듬에 적응하지 않을까? 물론 빛이 없는 공간에서는 며칠도 버티기 어렵겠지만 말이다.

자유진행 리듬과 생체시계

● 2가지 생체시계

우리 몸에는 2가지 생체시계가 있는데, 하나는 체온이나 멜라토닌의 분비 리듬을 조절하는 시계이고, 다른 하나는 수면-각성 리듬을 제어하는 시계이다. 대체로 이들 생체시계는 서로 보조를 맞춰 동조함으로써 우리를 24시간 주기로 생활하게 한다.

하지만 자유진행 리듬에 빠지면 체온이나 멜라토닌의 분비 리듬이 약 25시간 주기로 변하고, 다섯 명 가운데 한 명 꼴로 수면-각성 리듬은 약 30시간 주기로 뒤처진다.

이처럼 생체시계들이 서로 동조하지 못하는 상태를 '내적 비동조화'라고 한다. 내적 비동조화 상태에 빠지면, 쉽게 말해서 생체주기가 불협화음을 일으키고 우리 몸은 컨디션 난조를 겪게 된다.

● 지구의 자전과 생체시계

왜 인간은 고유의 생체리듬을 고집하지 않고 24시간 주기 리듬에 동조하려고 할까? 이는 진화의 역사를 떠올려보면 쉽게 이해할 수 있다.

지구의 자전 주기는 약 24시간으로, 지구에 서식하는 모든 생물은 이런 지구 환경에 적합한 형태로 진화를 거듭했다. 24시간마다 일출이 시작되고, 해가 뜨면 세상은 밝고 따뜻해진다. 그리고 12시간 후 해가 지면서 세상은 어두워진다. 생명체가 지구에 살기 훨씬 전부터 24시간 자전 주기는 되풀이되었으며, 이런 환경에 적응할 수 있도록 생물은 진화했다.

태양계 행성의 자전 주기를 표(☞33쪽)에 실어두었는데, 표를 보면 태양에 두 번째로 가까운 금성의 자전 주기는 −243.02일이다. 여기에서 −(마이너스)는 자전 방향이 지구와 반대임을 나타낸다. 만약 금성에서 일출을 구경할 기회가 생긴다면 새벽에 동쪽이 아닌 서쪽 지평선에서 아주 느리게 떠오르는 태양을 볼 수 있을 것이다. 그리고 지구 시간으로 120일 이상의 기나긴 낮 시간이 이어진다. 이후 동쪽으로 해가 저물고 마찬가지로 기나긴 밤이 시작된다. 물론 그럴 가능성은 거의 없을 테지만, 금성에 생물이 살고 있다면 그 환경에 발맞추어 진화가 이루어지고, 결과적으로 지구의 생명체와는 전혀 다른 생체시계가 만들어진다는 사실은 쉽게 상상할 수 있을 것이다.

표 ▪▪ 태양계 행성의 자전 주기

행성	자전 시간		
수성	58.6467일		
금성	−243.02일*		
지구	23시간	56분	4.1초
화성	24시간	37분	22.66초
목성	9시간	55분	30초
토성	10시간	32분	35초
천왕성	−17시간	14분	24초
해왕성	16시간	6.6분	
명왕성	−6일	9시간	17.6분

*−(마이너스)는 지구의 자전 방향과 반대 방향을 의미한다.

 **생체리듬과 시계 유전자**

● **생체리듬**

생체리듬의 종류는 다양한데, 이 가운데 몇 가지를 주기의 길이에 따라 정리해보면 아래의 표와 같다. 표를 보면 알 수 있듯이 수면-각성 리듬, 호르몬 분비 리듬, 심부체온 등은 24시간 주기의 리듬을 갖고 있는데, 이런 24시간 주기의 리듬을 '일주기(circadian) 리듬'이라고 부른다. 라틴어로 circa는 '약, 대략'이라는 뜻이고, dian의 명사형인 diem은 '하루'라는 뜻으로 우리말로 하면 '하루주기 리듬' 혹은 '일주기 리듬'이 된다. 이와 마찬가지로 24시간보다 짧은 리듬에도, 24시간보다 긴 1개월 단위 혹은 1년 단위의 리듬에도 고유의 명칭이 존재한다.

다양한 생체리듬을 형성하는 데 중추 역할을 담당하는 생체시계의 본체는 뇌 안쪽 시상하부에 위치한 '시신경교차상핵(SCN; suprachiasmatic nucleus)'에 있다고 알려져 있다. 지금까지의 연구를 통해 시신경교차상핵을 파괴하면 생체리듬이 깨진다는 사실이 밝혀졌다.

표 ▪▪ 다양한 주기의 생체리듬

주기	명칭	예
1분 이하	초일주기 리듬(ultradian rhythm)	심장박동, 호흡, 꿈틀운동(연동운동)
약 1시간		수면 주기(논렘-렘수면 주기), 휴식-활동 주기(rest-activity cycle)
약 24시간	일주기 리듬(circadian rhythm)	수면-각성 리듬, 호르몬 분비 리듬(멜라토닌, 성장호르몬, 코티솔 등), 순환 계통의 변화(심장박동수, 혈압), 심부체온
약 1개월	월주기 리듬(circalunar rhythm)	월경 주기
약 1년	연주기 리듬(circannual rhythm)	계절성 정동장애, 겨울잠

● 시계 유전자

곤충이나 동물에게는 생체리듬을 조절하는 유전자가 있다. 포유류의 경우, 이들 유전자가 시신경교차상핵에서 발현하여 생체시계로 작동한다는 사실도 밝혀졌다.

최초의 시계 유전자 연구는 초파리 실험을 통해 진행되었다. 이후 실험용 생쥐의 일종인 마우스를 대상으로 유전자 연구가 이어졌으며, 최근에는 인간의 시계 유전자와 관련된 연구 결과도 속속 발표되고 있다. 지금까지 알려진 시계 유전자는 피리어드(Per), 클락(Clock), 비말(Bmal), 크립토크롬(Cry)이 대표적이다. 이들 시계 유전자는 서로 복합체를 만들거나 서로 영향을 끼쳐서 생체리듬의 발현에 관여한다. 최근에는 하루주기리듬 수면-각성장애(☞148쪽)와 시계 유전자의 관련성을 규명하는 연구가 활발하게 진행되고 있다.

시계 유전자는 인간의 뇌뿐만 아니라 간이나 심장 등의 장기에도 존재하는 것으로 알려져 있다. 이를 테면 간을 구성하는 유전자 가운데 10% 정도가 약 24시간을 주기(일주기 리듬)로 활동한다고 한다. 또 말초신경 계통의 시계 유전자가 호르몬 등의 체액성 신호를 매개로 중추(시신경교차상핵)에 있는 시계 유전자의 통제를 받으며 서로 관련성을 갖고 활동할 가능성에 대해서도 연구가 한창 진행 중이다.

시계 유전자 연구는 불면증이나 시차증의 치료, 우울증이나 생활습관병과의 연관성, 나아가 적절한 약물치료 시기를 결정하는 데에도 응용해볼 수 있어서 앞으로의 연구 성과가 보건 및 의학 분야에 크게 이바지할 것으로 기대하고 있다.

1.4 수면의 기초 지식③
연령에 따른 수면의 변화

신생아의 수면

신생아의 수면 유형

그림 1-7은 렘수면을 발견한 미국의 수면학자 너새니얼 클라이트먼이 1963년에 발표한 《수면과 각성(Sleep and Wakefulness)》의 겉표지로 사용한 그림이다. 아이가 태어난 날부터 26주까지의 수면 시간을 선으로 기록했다. 그래프에서 가로 한 줄은 하루의 시간을 나타내고, 줄 가운데 검은 선 부분이 잠자는 시간을 나타낸다.

이 그림을 자세히 살펴보면 그래프는 시기별로 크게 세 유형으로 구분할 수 있다. 1유형(그래프의 윗부분)은 태어난 날부터 8주 정도까지로, 규칙성을 거의 찾아볼 수 없다. 2유형(그래프의 가운뎃부분)인 9주부터 15주 정도까지는 하얀 부분이 왼쪽 위에서 오른쪽 아래로 향하는 사선 모양을 형성하고 있다. 3유형(그래프의 아랫부분)인 16주부터는 하얀 부분, 즉 깨어나 있는 시간대가 중앙에 하나의 띠처럼 일정하게 나타난다.

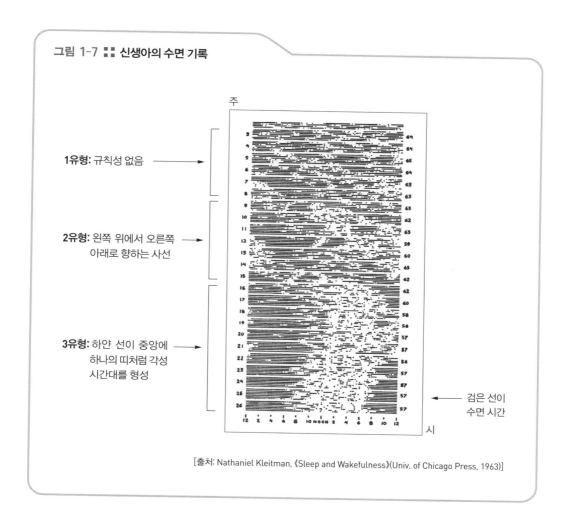

그림 1-7 ▪▪ 신생아의 수면 기록

1유형: 규칙성 없음

2유형: 왼쪽 위에서 오른쪽 아래로 향하는 사선

3유형: 하얀 선이 중앙에 하나의 띠처럼 각성 시간대를 형성

주

검은 선이 수면 시간

시

[출처: Nathaniel Kleitman, 《Sleep and Wakefulness》(Univ. of Chicago Press, 1963)]

신생아의 수면-각성 리듬이 자리잡기까지

그래프의 윗부분인 1유형은 밤낮 구분 없이 수면과 각성을 반복하는 시기이다. 이 시기에 아이를 돌보는 부모는 무척이나 힘들다. 한밤중에도 아이가 깨는 바람에 부모도 자꾸 잠에서 깨거나 꼬박 밤을 지새는 날이 많기 때문이다.

아이가 태어난 지 2개월쯤 지나면 수면-각성 리듬이 어느 정도 자리를 잡지만, 시간대가 조금씩 뒤처지기 때문에 하얀 띠가 왼쪽 위에서 오른쪽 아래로 비스듬하게 달리듯이 사선을 그린다. 그림에 나타난 사선은 검은 선 부분,

즉 잠자는 시간이 하나로 모아지면서 동시에 늦은 시간대로 이동하고 있음을 의미한다. 요컨대 하루의 수면-각성 리듬은 24시간보다 길어서 매일 잠자는 시간과 일어나는 시간이 조금씩 지연된 시각(오른쪽 방향)으로 옮겨가는 것이다. 인간 본래의 25시간 리듬, 즉 자유진행 리듬(☞28쪽)이 갓난아기의 수면에서 나타나는 셈이다. 이는 이 시기의 아이가 빛을 통해 24시간 주기로 동조하는 시스템을 아직 정착시키지 못했기 때문에 생기는 현상이다.

마침내 16주 무렵부터는 아이가 낮에는 깨어 있고 밤에는 잠을 자기 시작한다. 따라서 육아를 담당하는 부모도 밤시간에 비교적 편안히 잠을 잘 수 있다. 이런 24시간 주기를 향한 동조화는 부모와 같은 방에서 자는 아이일수록 더 빨리 안착한다고 한다.

연령에 따라 수면의 질이 변화한다

나이가 들면서 수면의 질은 변화한다. 이를 실감하고 인정하는 독자도 있을 테지만, 나이가 들면서 나타나는 수면 형태의 변화를 불면이나 질병으로 생각해 지레 겁먹는 사람도 있을 것이다. 이런 오해를 줄이기 위해서라도 수면의 질적 변화와 관련해 올바른 지식을 아는 것이 중요하다.

그림 1-8은 신생아부터 성인까지 하루 동안의 수면 시간 및 논렘수면과 렘수면을 구분해서 표시한 그래프이다. 그래프에서도 알 수 있듯이 신생아 시기에는 렘수면이 전체 수면 시간 가운데 절반을 차지할 정도로 큰 비중을 차지한다. 하지만 20대 성인이 되면 렘수면의 비율은 대략 20% 정도로 감소한다.

성년기 이후에는 렘수면의 감소폭이 미비한데, 70대가 되어서도 렘수면의 비율은 15% 정도 줄어드는 선에서 그친다. 또한 수면 시간도 20대부터 조금씩 단축되지만 대략 6~8시간 사이로, 이는 신생아 때부터 20대까지의 급격

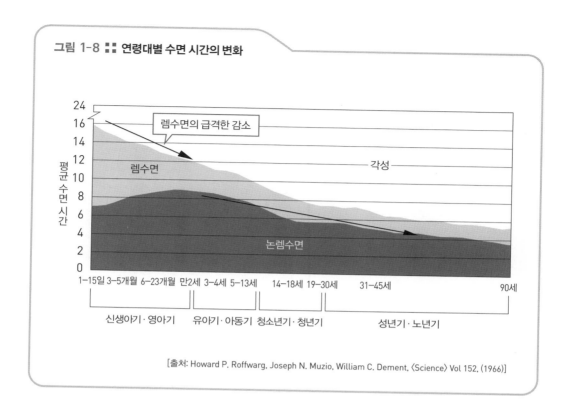

그림 1-8 **∷ 연령대별 수면 시간의 변화**

렘수면의 급격한 감소

각성

평균 수면 시간

렘수면

논렘수면

1–15일 3–5개월 6–23개월 만2세 3–4세 5–13세 14–18세 19–30세 31–45세 90세

신생아기·영아기　유아기·아동기 청소년기·청년기　성년기·노년기

[출처: Howard P. Roffwarg, Joseph N. Muzio, William C. Dement, 〈Science〉 Vol 152, (1966)]

한 감소에 비하면 큰 차이가 없는 셈이다.

그림 1-8을 보면 연령 증가에 따라 수면 시간이 짧아지는 것으로 나타나지만, 2010년 일본인의 수면 시간 실태 조사에 따르면(그림 1-9) 40대의 수면 시간이 가장 짧고, 이후 연령 증가와 함께 수면 시간이 늘어나서 70대 남성의 수면 시간이 가장 긴 것으로 나타났다. 40대의 경우 연령에 따른 생리학적인 요인이라기보다는 사회적 요인이 큰 것으로 추측된다. 이 같은 사실에서 '나이가 들면 수면 시간이 짧아진다'고 단정 짓기는 어려울 것 같다. 하지만 20대부터 70대로 향하는 50년 동안에는 수면 시간보다 수면의 질에 두드러진 변화가 나타나는 것만은 확실하다.

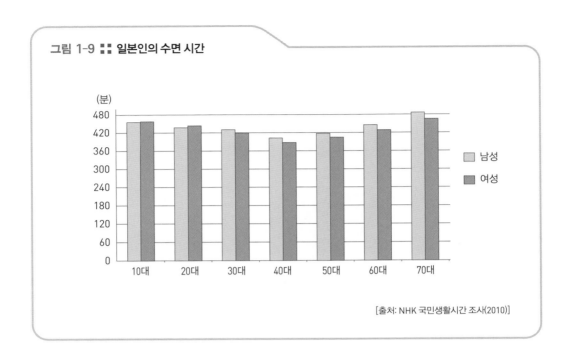

그림 1-9 ▪▪ 일본인의 수면 시간

(분)

[출처: NHK 국민생활시간 조사(2010)]

노년기에 얕은 잠을 자는 이유

그림 1-10은 연령대별로 정리한 정상 수면 곡선이다. 20대 청년층의 경우 논렘수면 3, 4단계에 해당하는 깊은 잠(서파수면)이 수면 전반부에 뚜렷하게 나타나지만, 40대 수면의 경우 서파수면이 짧아지고, 80대의 수면에서는 깊은 잠이 거의 나타나지 않는다.

반면에 나이가 많아질수록 세로 선의 수는 늘어난다. 세로 선의 증가는 수면 단계의 변화가 늘어났음을 의미한다. 특히 한밤중에 잠에서 깨어나 각성 상태에 이르는 일이 빈번하게 나타난다. 이는 수면이 불안정하면서도 수면 중 중도각성이 늘어났음을 뜻한다. 간혹 어린이나 젊은이의 잠자는 모습을 관찰해보면 옆에서 흔들어 깨워도 모를 정도로 깊은 잠에 빠져 있을 때가 많다. 이에 비해 노인은 아주 작은 소리에도 예민하게 반응하며 잠에서 깰 때가 많다.

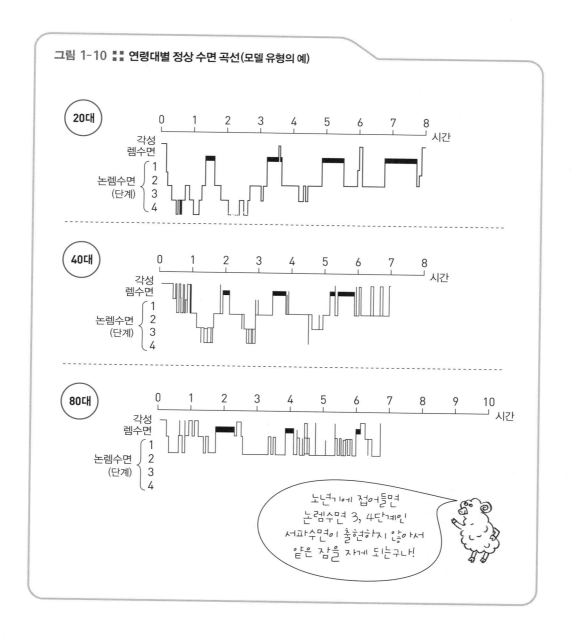

그림 1-10 :: **연령대별 정상 수면 곡선(모델 유형의 예)**

노년기에 접어들면 논렘수면 3, 4단계인 서파수면이 출현하지 않아서 얕은 잠을 자게 되는구나!

이처럼 연령 증가에 따른 수면 형태의 변화는 지극히 자연스러운 현상으로, 전혀 걱정하지 않아도 되는 정상적인 변화다. 불면을 호소하는 노년층 가운데는 이런 설명만 듣고서도 얕은 잠을 나이에 따른 자연스러운 변화로 받아들이고 안심하는 사람도 많다.

노년층의 수면

앞에서 설명했듯이 나이가 들면 수면의 질이 변한다. 다시 말해 노년층의 수면은 청년층보다 불안정한 것이 사실이다.

43쪽의 표는 최신 통계자료는 아니지만, 연령 증가에 따라 수면의 형태가 변하면서 생기는 수면 문제를 정확하게 제시한 자료다. 표를 보면, 40대부터 80대에 걸쳐 수면이 시작되는 입면(入眠)기에 곤란을 겪는 비율에는 큰 변화가 없다. 하지만 잠자는 도중에 깨어나는 문제는 나이가 들면서 급격히 증가한다. 연령 증가에 따라 수면이 얕아지고 중도각성 횟수가 늘어난 결과다. 그 영향으로 불면을 자각하고 수면제를 복용하는 사람의 비율도 점점 증가한다.

고령자의 경우 생리학적 변화와 더불어 신체 질병이 수면을 방해하는 경우도 생각해볼 수 있다. 실제로 일본 후생노동성이 실시한 수면 실태 조사(☞114쪽)를 보면 노년층으로 갈수록 '신체의 건강 상태가 나빠서', '소변이 자주 마려워서' 등의 이유가 수면 문제를 초래한다는 사실을 확인할 수 있다. 더욱이 퇴직 후에는 사회활동의 기회가 점차 줄어들면서 삶의 보람을 느끼지 못하고 우울 상태에 빠지는 노인들이 많은데, 이런 정신 질환도 노년기 수면장애의 배경으로 작용한다.

한편 수면장애를 겪게 되면 아무래도 수면제를 찾게 되고 복용량을 점점 늘리게 될 때도 있을 것이다. 수면제 가운데는 근육 이완 작용을 하는 수면제(☞220쪽)도 있어서 수면제를 복용한 후 화장실에 가다가 자칫 넘어져서 골절상을 당하거나 통증으로 인해 불면증이 더 심해지는 악순환도 충분히 생각해볼 수 있다.

일본인의 수면 시간을 나타낸 조사에서 70대 남성의 수면 시간이 가장 길다는 통계자료를 앞서 소개했는데(☞40쪽), 과연 노년기에는 몇 시간 정도 잠을 자는 것이 적당할까? 물론 9시간 이상 오래 자는 사람은 수명이 짧다는

표 ▓▓ 중년·노년층의 수면

(단위=%)

	40대 (n=91)	50대 (n=119)	60대 (n=203)	70대 (n=189)	80세 이상 (n=56)
입면 곤란	9.9	11.8	8.9	7.4	10.7
수면 중단	39.6	47.1	57.1	73.0	78.6
불면 자각	6.6	11.8	11.3	13.8	16.1
수면제 복용	–	4.2	4.9	6.9	8.9
조기 취침(밤 9시 전)	–	–	1.5	4.8	10.7
조조 각성(새벽 5시 전)	–	–	2.0	3.7	14.3

[출처: 가키자와(柿澤), 1976]

연구 결과도 있다. 하지만 수면 시간과 관련해 통계 숫자를 맹신해서는 곤란하다. 예컨대 수면 시간이 긴 사람들에게 "오늘부터는 장수하기 위해 수면 시간을 줄여주세요!"라는 조언이 반드시 정답은 아니라는 뜻이다.

그도 그럴 것이, 억지로 수면 시간을 줄이다 보면 오히려 건강을 해칠 가능성이 있기 때문이다. 실제로 일본 니가타현에서 이루어진 수면 연구를 보면 장시간의 수면이 반드시 나쁘다고 단정 짓기는 어려울 것 같다.

요컨대 수면 시간이 6시간 이하인 사람은 수면 시간이 7시간 이상인 사람보다 평균 수명이 짧았고, 마찬가지로 수면 시간이 9시간인 사람도 수면 시간이 6시간 이하인 사람보다 평균 수명은 더 길었다. 운동을 열심히 하는 사람은 수면 시간이 길다는 실험 보고도 있다. 이런 사실에 비추어보면 수면 시간만으로 건강 상태나 수명을 언급하는 일은 지나치게 단편적인 생각이 아닐까 싶다.

그렇다면 노년의 수면 문제를 더 나은 방향으로 개선하기 위해서는 어떻게 해야 할까? 결론부터 말하면, 건강한 생활을 영위하는 것이 수면 문제 개선에 가장 중요하다. 여기에서 건강한 생활이란 신체 운동을 즐기는 것이다. 구체적인 예를 든다면 낮에는 되도록 밖에 나가서 햇빛을 쬔다. 적당한 일광욕은 노년기에 감소하는 멜라토닌(☞155쪽)의 분비량을 증가시킨다. 운동도 주간의 각성 수준을 상승시키고 야간 수면의 질을 개선한다. 게다가 세끼 식사를 확실하게 챙길 수도 있는데, 부지런히 신체 활동을 하다 보면 자연스레 배가 고프고 식욕이 생긴다. 또 적당한 신체 운동은 정신 건강에도 도움을 줘서 노년기의 우울감을 한결 완화시켜준다.

물론 하루 만에 금방 효과가 나타나는 것은 아니지만 운동, 식사, 수면이 건강하고 쾌적한 생활을 영위하는 데 중요한 요소임에는 분명하다. 다만 운동을 전혀 하지 않던 노인이 하루아침에 운동을 실천하기란 쉽지 않다. 따라서 수면 문제를 자각하기 시작했다면 일찌감치 생활습관을 바로잡는 것이 바람직하다. 분명 올바른 생활습관은 건강한 몸과 마음으로 이끌어줄 것이다.

초고령사회에서 살아가야 하는 현대인은 건강하고 활기찬 노후를 맞이할 수 있도록 젊은 시절부터 건강에 관심을 갖고 생활하는 일이 어쩌면 의무인지도 모른다.

일찍 일어나는 노인, 늦게 자는 청년

연령 증가에 따른 수면의 변화를 꼽을 때 수면 시간대가 빠질 수 없다. 주위를 둘러보면 아침에 일찍 일어나서 집 안 청소나 운동을 하고 여유 있게 차를 마시는 젊은이는 구경하기 어렵다. 반면에 새벽 3시, 4시까지 말똥말똥 깨어 있다가 대낮까지 곯아떨어지는 노인도 거의 찾아볼 수 없다. 이는 단순히 개인의 취향 문제일까?

지금까지의 수면 연구를 통해 밝혀진 바에 따르면 노년층은 청년층에 비해 잠자는 시간대(수면위상)가 앞당겨진다(일찍 자고 일찍 일어난다)고 알려져 있다. 이처럼 20대에서 70대로 향하는 50여 년간, 수면 시간대는 조금씩 이른 시간대로 앞당겨진다. 이를 '수면위상의 전진'이라고 부르는데, 수면위상이 전진하는 이유는 자세히 밝혀지지 않았지만, 연령 증가와 함께 생체시계의 위상이 전진한다는 관점이 있고, 나이가 많아지면 쉽게 피로감을 느끼기 때문에 일찍 잠자리에 들어 그 결과 수면위상이 전진한다는 관점 등 두 가지로 추측하고 있다. 다만 연령 증가에 따라 24시간 주기가 짧아진다는 연구 결과는 아직 보고되지 않았다는 점에서 지금으로써는 후자의 관점이 더 우세하다.

 **아침형 인간과 저녁형 인간**

젊은이들은 대체로 저녁형 인간, 즉 올빼미족이 많은 것 같다. 예전에 대학원에서 강의할 때 "어젯밤 12시 이전에 잠을 잔 학생, 한번 손들어보세요!"라고 물었더니 손을 든 사람이 단 한 명도 없었다. 20대 청춘들은 밤이 좋은 걸까? 그저 깨어 있는 것이 좋은 걸까?

노인은 일찍 잠자리에 든다. 저녁 8시부터 취침하는 사람도 많다. 그리고 아침에 일찍 일어난다. 심지어 새벽 4시 즈음, 캄캄한 새벽녘에 일어나는 새벽형 인간도 있다. 그렇다면 아침형 인간과 저녁형 인간은 나이와 관련이 있을까?

연령대별로 취침 시각과 기상 시각을 조사한 연구가 있다(46쪽 그림). 그림을 살펴보면, 만 20세까지는 취침 시각이 늦어지다가 스무 살을 정점으로 취침 시각이 조금씩 빨라진다. 기상 시각도 마찬가지다. 이런 실험 결과는 인간의 하루주기 리듬(24시간 주기 리듬)의 수면위상이 20대 초반에 가장 뒤처진다는 생물학적 특징에서 그 이유를 찾을 수 있을 것이다. 아울러 수면 시간대의 문제뿐만 아니라 체온 리듬도 20대에 가장 느리게 변화한다.

하지만 수면의 변화를 단순히 생물학적 문제로만 한정해 생각할 수는 없다. 만약 출근 시간이 이른 새벽으로 정해져 있다면 누구나 새벽같이 일어날 테지만, 그렇다고 해서 새벽에 출근하는 직장인들이 생물학적으로 특별하다고 말할 수는 없다. 요컨대 수면과 각성은 사회적 요소와도 밀접하게 관련을 맺고 있다. 실제로 학교를 졸업하고 사회생활을 시작하면 다음날의 일정을 고려해서 일찍 잠자리에 들게 된다. 이런 사회적인 변화는 20대 때 특히 두드러지게 나타나는 것 같다.

고령자가 일찍 자고 일찍 일어나는 이유에 대해서도 아직 뚜렷한 결론을 내지 못하고 있다. 실제로 노년기가 되면 생체리듬이 빨라진다는 견해, 리듬 자

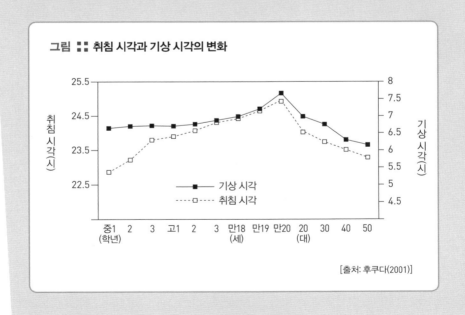

그림 ▚ 취침 시각과 기상 시각의 변화

[출처: 후쿠다(2001)]

체가 기복을 상실하고 피로감이 더해져서 일찍 취침하게 된다는 견해 등 의견이 분분하지만, 다양한 연구 결과는 후자에 더 높은 점수를 주는 듯하다.

인간의 유전자도 수면 시간대에 영향을 미친다. 일반적으로 인간의 생체시계는 24시간보다 주기가 긴 것으로 알려져 있다. 하지만 최근 연구에 따르면 24시간보다 짧은 주기를 가진 사람도 있다고 한다. 이처럼 개인마다 다른 생체시계의 주기는 유전자로 결정된다. 만약 생체시계의 주기가 긴 사람은 오늘 밤 11시에 잠자리에 들었다면 내일은 밤 11시보다 더 늦은 시각에 잠을 자게 된다. 물론 낮시간에 햇빛을 쬔 정도나 사회적 인자에 따라 수면-각성 리듬은 어느 정도 수정되겠지만, 수면 시간대가 늦어지는 경향은 크게 달라지지 않는다. 반대로 생체시계의 주기가 짧은 사람은 수면 시간이 앞으로 당겨지는데, 이런 사람은 일찍 자고 일찍 일어나는 아침형 인간으로 생활하게 될 가능성이 높다.

수면물질

오랫동안 잠을 자지 않고 깨어 있으면 어느 순간 졸음이 쏟아진다. '잠을 못 자면 졸리는 것은 당연한 일 아닌가?' 하고 생각할 수도 있지만, 수면물질이 영향을 끼친다는 사실이 밝혀지고 있다. 졸림의 원리를 연구한 일본 아이치현립의학교(나고야대학교 의학부의 전신) 교수였던 이시모리 구니오미 박사는 1909년에 장시간 잠을 재우지 않은 개의 뇌척수액(뇌 내부 공간인 뇌실을 채우고 있는 액체)을 추출해서 충분히 잠을 잔 뒤에 깨어 있던 개의 뇌척수액에 주입하는 실험을 진행했다. 그러자 말똥말똥 깨어 있던 개가 바로 곯아떨어졌다. 1913년에 프랑스의 앙리 피에롱(Henri Piéron) 박사도 이시모리 박사의 개

실험과 유사한 연구 결과를 학계에 보고했다. 당시에는 이것이 어떤 물질인지 과학적으로 입증할 수 없었지만, 적어도 오늘날 '수면물질'이라는 것이 존재한다는 사실만큼은 실험 결과를 통해 충분히 예측하고 있다. 이후 약 100년 동안 수면 연구는 발전을 거듭해 마침내 수면물질을 다수 발견할 수 있었다.

아래 표에도 소개했듯이 지금은 수많은 수면물질이 밝혀졌는데, 이 중에

표 ⠿ 여러 가지 수면물질

물질명	약칭	존재하는 신체 부위
트립토판(tryptophan)	Trp	–
멜라토닌(melatonin)	–	솔방울샘
콜레키스토키닌(cholecystokinin)	CCK	창자(장관), 뇌
성장호르몬 방출 인자	GRF	뇌
성장억제호르몬*	SRIF	뇌
델타 수면유도 펩타이드(delta sleep–inducing peptide)	DSIP	혈액, 뇌, 솔방울샘
프로게스테론(progesterone)		난소
인슐린(insulin)**	–	이자(췌장), 뇌
성장호르몬	GH	뇌하수체
프로락틴(prolactin)	PRL	뇌하수체
아데노신(adenosine)	–	–
유리딘(uridine)		뇌
사이티딘(cytidine)	–	
프로스타글란딘 D_2(prostaglandin D_2)	PGD_2	뇌, 솔방울샘
프로스타글란딘 E_2(prostaglandin E_2)	PGE_2	뇌
노르다이아제팜(nordiazepam)	–	뇌
로라제팜(lorazepam)	–	혈액, 뇌, 겉콩팥(부신)
인터페론 α(interferon α)	IFN–α	–
인터류킨 1(interleukin 1)	IL–1	백혈구, 뇌
종양괴사인자	TNF	–
뮤라밀 펩타이드(muramyl peptide)류	MPS	–
산화형 글루타싸이온(glutathione disulfide)**	–	뇌

[출처: 이노우에 쇼지로, 《수면과 뇌》, 대한교과서, 1991]

*
논렘수면에 대한 효과는 알려져 있지 않다.

**
렘수면에 대한 효과는 알려져 있지 않다.

서 유리딘과 산화형 글루타싸이온이 어떻게 활동하는지 잠시 살펴보자.

도쿄의과치과대학교 명예교수인 이노우에 쇼지로(井上昌次郎) 박사는 뇌과학의 관점에서 수면 구조를 연구한 일본의 저명한 수면학자로, 유리딘과 산화형 글루타싸이온이라는 두 가지 물질이 수면물질로 활동한다는 사실을 발견했다. 더욱이 이들 물질이 서로 다른 작용을 하면서 하나의 팀처럼 협업함으로써 잠자게 하는 메커니즘을 규명하기도 했다.

인간의 뇌에는 신경세포끼리의 정보 전달을 담당하는 '신경전달물질'이 존재하는데, 신경세포의 활동을 강화하는 자극을 다른 신경세포에 전달하는 '흥분성' 신경전달물질과 신경세포의 활동을 억제하는 자극을 다른 신경세포에 전달하는 '억제성' 신경전달물질로 구분할 수 있다. 수면물질인 유리딘은 억제성 신경전달물질인 가바(GABA; gamma−aminobutyric acid)의 활동을 촉진하고, 또 다른 수면물질인 산화형 글루타싸이온은 흥분성 신경전달물질인 글루탐산(glutamic acid)의 활동을 억제하는 작용이 있다. 다시 말해 유리딘과 산화형 글루타싸이온의 역할은 서로 다르지만, 억제를 강화하고 흥분을 억제하는 식으로 서로 보완하면서 활동한다. 그 결과 신경의 흥분이 억제되고 마침내 졸음이 오는 것이다(그림 A).

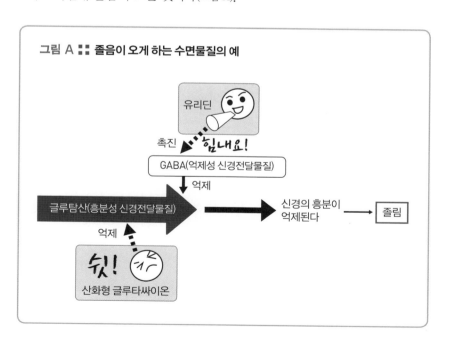

그림 A :: 졸음이 오게 하는 수면물질의 예

유리딘

촉진 힘내요!

GABA(억제성 신경전달물질)

억제

글루탐산(흥분성 신경전달물질)

신경의 흥분이 억제된다 → 졸림

억제

쉿!

산화형 글루타싸이온

한편 앞뇌 바닥 부위(전뇌 기저부), 특히 시각교차 앞 구역(preoptic area)은 논렘수면 중에서도 서파수면의 출현과 관련이 깊은 뇌 부위로 알려져 있다. 여기에도 수면물질이 영향을 끼친다는 사실이 최근 연구를 통해 속속 밝혀지고 있다. 일본에서 수면물질 연구의 권위자로서 오사카 바이오사이언스 연구소 이사장으로도 활동한 하야시 오사무(早石修) 박사는 우라데 요시히로(裏出良博) 박사와 함께 프로스타글란딘 D_2가 수면물질로 활동하는 메커니즘을 규명했다.

프로스타글란딘 D_2는 앞뇌 바닥 부위에 작용해서 아데노신이라는 수면물질을 매개로 배가 쪽(복외측)의 시각교차 앞 구역(VLPA; ventrolateral preoptic area)의 활동을 활성화시킨다. 배가 쪽 시각교차 앞 구역은 수면 조절 중추로 알려져 있다. 아데노신은 억제성 신경전달물질의 활동을 촉진함으로써 결절유두체핵(TMN; tuberomammillary nucleus)에 있는 각성을 일으키는 히스타민(histamine)의 작용을 억제해 결과적으로 졸음을 불러온다(그림 B).

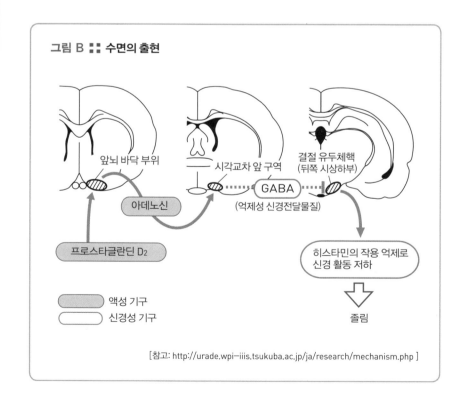

그림 B :: 수면의 출현

앞뇌 바닥 부위
아데노신
프로스타글란딘 D_2

시각교차 앞 구역
GABA
(억제성 신경전달물질)

결절 유두체핵
(뒤쪽 시상하부)

히스타민의 작용 억제로
신경 활동 저하

졸림

액성 기구
신경성 기구

[참고: http://urade.wpi-iiis.tsukuba.ac.jp/ja/research/mechanism.php]

이와 같이 유리딘, 산화형 글루타싸이온, 프로스타글라딘 D_2 등은 체내 혹은 뇌 내 체액을 통해 신경 활동에 영향을 끼친다. 이처럼 수면물질을 매개로 하는 수면 조절 메커니즘을 '액성 기구'라고 부른다. 반면에 신경세포의 활동에 기초한 수면 조절의 메커니즘을 '신경성 기구'라고 한다.

- 우리는 잠자고 일어나는 생활을 반복하며 살아가고 있다(수면-각성 리듬).

- 우리 몸에는 두 가지 생체시계가 있다. 하나는 체온이나 멜라토닌의 분비 리듬을 조절하는 시계이고, 다른 하나는 수면-각성 리듬을 제어하는 시계다. 대체로 이들 생체시계는 서로 보조를 맞춰 동조함으로써 우리는 24시간 주기로 생활하게 된다.

- 수면은 크게 렘수면(REM sleep)과 논렘수면(Non-REM sleep)으로 구분된다. 렘수면은 수면 중에 눈동자의 빠른 움직임이 나타나는 수면을 말하고, 그 외의 수면을 논렘수면이라고 부른다. 렘수면과 논렘수면은 60~120분 주기로 하룻밤에 3~5회 교대해서 나타난다.

- 잠들기 시작할 때 가장 먼저 맞이하는 수면은 논렘수면이다. 논렘수면 상태에서는 대뇌 겉질(대뇌피질)의 활동이 저하되면서 매우 크고 느린 뇌파인 수면서파가 관찰된다. 수면서파는 수면 전반부에 흔히 나타나며(서파수면), 수면 후반부인 새벽녘에는 거의 나타나지 않는다.

- 렘수면은 수면 전반부에는 길이가 특히 짧아서 30초 미만이거나 심지어 출현하지 않을 수도 있다. 하지만 수면 후반부에는 길이가 길어져서 30분 정도에 이르기도 한다.

- 잠들기 시작할 때는 수면서파가, 새벽에는 렘수면이 나타난다. 만일 새벽 5시경에 잠을 자면 서파수면과 렘수면이 동시에 등장해 서로를 억제하면서 경쟁을 벌이는 바람에 수면 단계에 혼란을 초래하고, 결국 숙면을 취하지 못한다. 서파수면과 렘수면의 경쟁이 없는 시간, 즉 밤에 자고 아침에 일어나는 것이 숙면을 부르는 첫 번째 법칙이다.

- 나이가 들면 수면 시간이 짧아지기보다는 수면의 질이 떨어지는 것이 확실하다. 그래서 80대의 경우 아주 작은 소리에도 잠에서 깨고, 이유 없이 한밤중에 깨어나거나 깊은 잠을 거의 자지 못한다. 이것은 지극히 자연스럽고도 정상적인 변화이니 걱정하지 않아도 된다.

수면 클리닉에선 무엇을 하나?

수면장애 여부를 밝혀줄 다양한 검사들

2.1 수면 클리닉의 역할

원래 수면의학은 정신 질환에 동반되는 수면장애를 진료하는 것이 주요 분야였다. 불면증을 치료하기 위해 수면제를 처방하는 것이 주된 치료법으로, 수면 건강을 위한 독립된 진료 과목이 있었던 것은 아니다. 하지만 수면의학이 발전을 거듭하면서, 또 수면 관련 호흡장애(수면무호흡증)가 주목을 받으면서 1990년대 이후부터는 수면 질환의 치료를 전문으로 하는 의료기관이나 전문 외래가 늘어나기 시작했다.

2.2 수면 클리닉의 종류

수면 클리닉은 수면 질환의 범위에 따라 두 가지로 나눌 수 있다. 다양한 수면 질환을 두루 진료하는 '수면의료 클리닉'과 수면무호흡증을 치료하는 '전문 클리닉'이다. 전자는 수면무호흡증뿐만 아니라 불면증, 과다수면증, 기타 하지불안증후군 등 수면장애 전반을 진단하고 치료하는, 말하자면 종합 수면의학센터다. 후자는 수면무호흡증을 치료하는 전문 클리닉으로 호흡기내과, 이비인후과, 치과 등 다양한 진료과목 의사가 담당하고 있다.

수면 문제는 일반 내과 병원에서도 진료한다. 가벼운 불면 증세라면 당뇨병이나 고혈압 치료를 받고 있는 병원에서도 수면제를 처방받을 수 있다. 하지만 심각한 불면증이나 주간 과다졸림, 자려고 누우면 다리가 저릿저릿해지는 불편함, 잠자다가 벌떡 일어나서 움직이는 증상 등 일반 내과에서는 치료가 어려운 상태라면 표준수면검사를 받을 수 있는 시설과 장비를 갖추고 수면장애 전문 의료진이 진료하는 수면 클리닉을 찾아서 제대로 된 진단과 치료를 받아야 한다.

2.3 수면 클리닉에서 시행하는 검사들
수면 측정법

수면 클리닉에서는 잠을 다양한 관점에서 평가한다. 평가를 위한 검사 방법에는 생리학적 검사, 설문지를 통한 검사, 채혈 검사 등이 포함된다.

전문의는 환자의 증상을 면밀히 관찰하고 질환에 따라 다양한 검사 방법을 채택하는데, 관련 검사들을 반드시 한꺼번에 시행하지는 않는다. 문진을 통해 치료 방침을 먼저 결정할 때도 있고, 복수의 수면 검사 결과를 종합적으로 분석한 다음 최종 진단을 내리기도 한다.

수면다원검사

수면다원검사(PSG)는 수면 검사 가운데 가장 중요하면서도 기본이 되는 검사법이다. 오늘날에는 수면다원검사의 국제표준 지침이 마련되어 있어서 이를 토대로 수면을 기록하고 판독하고 있다. 수면다원검사를 영어로는 'polysomnography'라고 하는데 'poly'는 '복수의', 'somno'는 '수면', 'graphy'

그림 2-1 :: 야간 수면다원검사의 실제

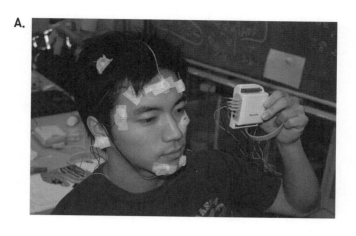

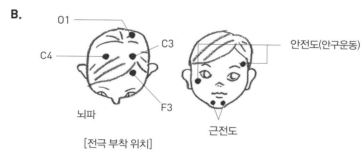

[전극 부착 위치]

는 '그래프 등의 그림'을 뜻한다. 이때 '복수'는 '신체 상태를 나타내는 다양한 지표를 동시에 기록한다'는 뜻이다.

수면을 측정하려면 수면 상태에 따라 시시각각 달라지는 뇌의 기능을 평가하는 뇌파 측정을 반드시 해야 한다. 또 렘수면의 특징인 눈동자의 움직임을 알아보기 위해 안구운동을 기록해야 하고, 동시에 신체 근육의 긴장도도 살펴봐야 한다. 따라서 이를 측정하는 뇌파, 안전도, 근전도가 수면다원검사의 기본 지표가 된다(그림 2-1).

전극 부착

먼저 뇌파를 측정하기 위해 머리 위에서 봤을 때 중간 부분의 좌우로 전극을 부착한다. 국제표준으로 정해진 '10/20(ten/twenty)' 시스템에서 말하는 전극 위치 C3, C4 부위(그림 2-1 B)다. 간혹 뇌파 측정을 위해 이마에 전극을 부착하기도 한다(F3).

안구운동을 살펴보는 '안전도'를 측정하려면 양눈 바깥쪽에 사선으로 놓이도록 2개의 전극을 부착해서 눈동자의 수평, 수직 움직임을 모두 기록한다(그림 2-1 B '안전도').

'근전도'는 턱끝근(mentalis)의 근전도를 표준으로 기록한다. 턱끝근은 말 그대로 아래턱 끝에 위치한 근육으로, 아랫입술을 위로 당겨 올렸을 때 힘이 들어가는 부위에 3cm 정도의 간격을 두고 전극을 부착한다(그림 2-1 B '근전도').

뇌파, 안전도, 근전도와 함께 심전도를 측정할 때는 가슴에도 전극을 부착한다. 뒤에서 소개할 수면무호흡증 검사에서는 코와 입 주위의 공기 흐름을 알아보기 위해 코와 입에 작은 감지기를 붙이고, 호흡에 따른 가슴과 배의 움직임(호흡운동)을 알아보기 위해 가슴과 배에 밴드 형태의 장치를 두른다(☞118쪽).

그 밖에도 팔다리의 움직임을 확인하기 위한 다리 근전도나 손가락의 작은 동맥 박동(맥파)을 기록하기도 한다.

수면곡선의 작성

하룻밤 동안 기록하는 야간 수면다원검사는 검사 시간이 길기 때문에 검사 자료도 매우 방대하다. 이를 수면 단계 국제판단기준(표 2-1)에 따라 20~30초 단위별로 각성, 논렘수면 4단계, 렘수면으로 분류해나간다.

미국수면의학회(AASM; American Academy of Sleep Medicine)는 2007년에 수면 단계에 대한 새로운 판단기준을 발표했다. 이는 기존의 판단기준 지침과 크게 다르지 않지만, 서파 판독에서 이마 부위 뇌파를 이용하는, 서파수면 시

표 2-1 :: 수면 단계 국제판단기준

각성 단계	알파파와 낮은 진폭의 속파(fast wave)가 섞여 있다. 대체로 근전도는 높은 진폭이며, 빠른 안구운동과 곁눈질도 종종 나타난다.
논렘수면	● 제1단계: 알파파가 50% 이하로 감소했을 때 제1단계로 판단한다. 비교적 낮은 진폭의 혼합 주파수(2~7Hz)가 섞여 있다. 느린 안구운동이 특징이다. ● 제2단계: 수면방추파(sleep spindles) 및 K-복합파(K-complex)가 출현하기 시작한다. 수면서파는 20% 이하로 출현한다. ● 제3단계: 수면서파가 20~50%를 차지한다. 수면방추파는 계속해서 나타난다. ● 제4단계: 수면서파가 50% 이상을 차지한다. 수면방추파는 계속해서 나타난다.
렘수면	뇌파는 비교적 낮은 진폭의 혼합 주파수가 섞여 있다. 빠른 안구운동이 두드러지게 출현한다. 근육의 긴장도는 최소한으로 감소한다.

[출처: Allan Rechtschaffen and Anthony Kales, 〈A manual of standardized terminology, techniques and scoring system for sleep stages of human subjects〉 (Neurological Information Network, 1968)]

기인 논렘수면 3단계와 4단계를 하나로 묶어서 N3으로 판단한다는 점에서 차이가 있다. 임상 현장에서는 새로운 판단 기준을 주로 이용하고 있다.

그림 2-2 :: 정상 범위의 수면곡선

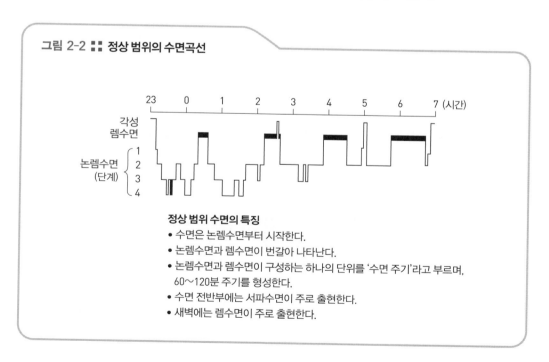

정상 범위 수면의 특징
- 수면은 논렘수면부터 시작한다.
- 논렘수면과 렘수면이 번갈아 나타난다.
- 논렘수면과 렘수면이 구성하는 하나의 단위를 '수면 주기'라고 부르며, 60~120분 주기를 형성한다.
- 수면 전반부에는 서파수면이 주로 출현한다.
- 새벽에는 렘수면이 주로 출현한다.

수면 단계를 모두 분류한 다음 이를 수면 시작부터 아침 각성까지 시각을 따라 그래프로 그려가면 하룻밤의 수면 양상을 한눈에 파악할 수 있는 수면 곡선이 완성된다(그림 2-2).

다중입면잠복기검사

'다중입면잠복기검사(MSLT; Multiple Sleep Latency Test)' 혹은 '수면잠복기반복검사'는 보통 약칭해서 MSLT라고 부른다. 다중입면잠복기검사는 낮 동안의 졸림 정도를 객관적으로 측정하는 것이 목적이다. 졸림 정도는 잠들기까지의 시간에 따라 분류된다(표 2-2).

이 검사는 정상적으로 깨어 있는 낮시간 동안 어둡고 조용한 뇌파 측정실에서 일정한 간격으로 4~5회 정도 수면 기회를 제공해, 잠드는 데 걸리는 시간인 입면 잠복기(sleep latency)를 측정하는 낮잠 검사다. 1회 검사 시간은 20분 정도로, 만약 이 시간 동안 잠들지 않으면 1회 검사는 종료된다. 일반적인 검사는 9시, 11시, 13시, 15시, 17시로 총 5회에 걸쳐 낮잠을 진행한다. 병원에 따라서는 검사를 10시에 시작해서 18시에 종료하는 곳도 있다.

이 검사는 수면무호흡증이나 기면병 등 주간졸림 증상을 호소하는 환자를 대상으로 주로 이루어진다.

표 2-2 ⠿ 다중입면잠복기검사 결과

입면 잠복기 시간	졸림 정도
0~5분	강함(중증)
5~10분	중간(경증)
10~15분	보통(조절 가능)
15~20분	없음(양호)

각성유지검사

각성유지검사(MWT; Maintenance of Wakefulness Test)는 앞에서 소개한 다중입면잠복기검사와 비슷하지만 입면 잠복기를 측정하는 것이 아니라, 낮시간에 또렷하게 각성하고 있는지를 알아보는 검사다.

실제 검사는 뇌파를 측정하면서 다중입면잠복기검사와 마찬가지로 하루에 4~5회, 40분 동안 어두운 방에서 아무것도 하지 않고 깨어 있는지를 확인한다. 검사 자체가 각성 상태를 요구하기 때문에 검사를 받는 사람은 졸음이 와도 깨어 있도록 노력해야 한다.

각성유지검사도 과다수면증의 진단과 치료에 필요한 검사다.

수면일지

수면다원검사를 통한 수면 평가는 수면 양상을 매우 세밀하게 기록하기 때문에 수면 질환의 진단이나 치료에 반드시 필요한 수면 측정법이다. 하지만 수면다원검사를 받으려면 환자는 하룻밤 내내 병원에 머물러야 하고, 검사를 진행하는 의료진도 밤을 꼬박 새면서 수면을 측정해야 하기 때문에 시간과 품이 많이 드는 검사이기도 하다.

따라서 수면과 관련해 불편함을 호소하는 사람에게 스스로 자신의 수면 시간대를 표에 기록하는 '수면일지(sleep log)'를 작성하도록 해서 대강의 상태를 먼저 파악하기도 한다(그림 2-3). 수면일지만으로는 논렘수면이나 렘수면 등 수면 양상을 정확하게 알 수는 없지만, 수면의 길이와 시간대는 대충 파악할 수 있다. 만약 더 자세한 진단 자료가 필요하다면 수면다원검사를 실시한다.

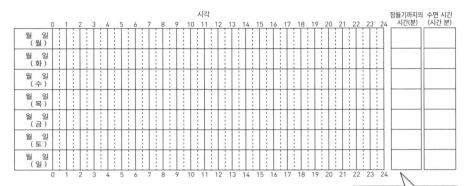

그림 2-3 :: 수면일지의 예

● **수면일지 작성법**

되도록 매일 정해진 시각(아침 기상할 때 등)에 다음과 같이 기록한다.

① 잠들어 있던 시간대 → ■

② 잠자리에 누웠지만, 깨어 있던 시간대 → ▨

③ 졸음이 쏟아지던 시간대 → ― 선 긋기

④ 식사 시간 → ✕ 기입

활동기록기

활동기록기(actigraphy)는 다리나 팔 등 신체 부위에 착용해 움직임을 측정하는 장치로 수면일지보다 좀 더 객관적인 평가를 할 수 있다. 활동기록기는 손목시계형(그림 2-4 A)과 허리 부착형(그림 2-4 B)이 있다. 최근에는 몸에 부착하지 않고 비접촉식 수면 센서 시트를 침대 매트릭스 아래에 설치해서 수면 상태 외에도 심장박동이나 호흡을 간편하게 기록하는 시트형 수면기록장치도 있다(그림 2-4 C). 이와 같은 기계 장치를 활용하면 1일부터 수개월까지 착용 기간에 따라 수면 시간대를 객관적으로 측정할 수 있다.

그림 2-4 ▪▪ 다양한 활동기록기

A. 손목시계형 활동기록기
[액티슬립 모니터, 사진 제공: (주)MAGnet]

B. 허리 부착형 활동기록기
[NFC 활동량계 FS-750, ESTERA사]

C. 시트형 수면기록장치
[연구용 수면 모니터, AISIN정기(주)]

설문지

수면 평가를 도와주는 자가진단 설문지가 있다. 수면의 질을 평가하는 설문지, 낮 동안의 졸림을 평가하는 설문지, 아침형 인간인지 저녁형 인간인지를 알아보는 설문지 등 종류가 다양하다. 이 중에서 임상 현장에서 많이 쓰이는 설문지는 다음과 같다.

피츠버그 수면장애척도

피츠버그 수면장애척도(PSQI; Pittsburgh Sleep Quality Index)는 수면의 질을 평가하는 설문지로, 수면 진단의 첫 단계에서 주로 이루어진다. 질문 항목에는 잠드는 시간대, 수면 시간, 쉽게 잠드는 정도 이외에도 수면의 질을 묻는 다양한 항목이 등장한다. (관련 자료 일본판 다운로드 www.sleepmed.jp/q/meq/psqi_form.php)

엡워스 주간졸림척도

엡워스 주간졸림척도(ESS; Epworth Sleepiness Scale)는 낮 동안의 졸림 정도를 간편하게 알아볼 수 있으며, 특히 수면무호흡증에 따른 주간졸림을 평가할 때 주로 사용한다(119쪽 표 3-10). 임상 현장에서 널리 쓰이는 자가진단 설문지다.

아침형-저녁형 설문지

아침형-저녁형 설문지(MEQ; Morningness-Eveningness Questionnaire)는 수면 시간대가 일찍 자고 일찍 일어나는 아침형인지, 늦게 자고 늦게 일어나는 저녁형인지를 평가하는 설문지다. 아침형인지 저녁형인지는 다양한 환경 요소에 따라 결정되지만 유전자의 영향도 강하게 받는 것으로 알려져 있다. (관련 자료 일본판 다운로드 www.sleepmed.jp/q/meq/meq_form.php)

OSA 수면조사표

OSA 수면조사표(OSA sleep inventory)는 도쿄 신경과학종합연구소의 연구원이었던 오구리 미쓰구(小栗貢), 시라가와 슈이치로(白川修一郎), 아즈미 가즈오(阿住一雄)가 작성한 설문지로, 세 사람 이름의 영문 머리글자를 따서 'OSA 수면조사표'라고 부른다. 질문에 따라 다섯 가지 인자(기상 시 졸음, 입면과 수면 유지, 꿈, 피로회복, 수면 시간)에 대해 평가할 수 있다. 주로 일본에서 사용된다. (관련 자료 다운로드 www.jobs.gr.jp/osa_ma.html)

수면 연구로 나를 이끌어준 은사님

필자는 1990년부터 1992년까지 미국 캘리포니아대학교 데이비스캠퍼스의 정신의학 교수인 어윈 파인버그(Irwin Feinberg) 연구실에서 수면의학을 공부했다. 어윈 파인버그 명예교수는 서파수면 연구의 세계적인 권위자다. 현재 아흔을 바라보고 있기 때문에 파인버그 교수의 단독 연구실은 조만간 정리되지 않을까 싶다.

내가 파인버그 교수의 연구실에 첫발을 내딛은 것은 서른세 살 때로, 그 뒤로는 거의 매년 연구실을 방문해서 다양한 배움의 기회를 누려왔다. 연구실은 나의 수면 연구를 풍요롭게 만들어준 공간이다. 실제로 연구실 문을 닫게 되면 무척 아쉬울 테지만, 파인버그 교수는 아흔을 바라보고 나도 이미 예순을 훌쩍 넘겼으니 세월의 흐름을 막을 수는 없을 것 같다.

파인버그 교수와 함께하면서 영어 공부도 하게 되었다. 지금도 내 기억에 또렷이 남는 장면은 미국에 머무를 당시 내 영어 논문을 친절하게 바로잡아준 일이다. 사실 남의 논문을 고쳐주는 일은 시간이 많이 걸린다. 파인버그 교수는 "내가 쓰는 게 더 빠를 걸세!" 하면서도 내 논문을 아주 세심하게 고쳐주었다.

파인버그 교수는 나와 마찬가지로 정신건강의학과 전문의다. 파인버그 교수와 얼굴을 마주하는 자리에서는 늘 진지한 토론이 이어졌는데, 수면의학 이야기부터 정신의학, 나아가 경제 및 국제관계 등 다방면에 걸쳐 이야기꽃을 피웠다.

어윈 파인버그 교수 자택에서, 2006년 3월

　의료 분야와 관련해서는 미국의 건강보험 제도의 문제점을 오래 전부터 지적했고, 아울러 일본의 국민건강보험 제도에도 높은 관심을 보였다. 한편 미국 수면의료에서는 불필요한 검사를 지나치게 많이 시행한다는 비판도 곁들였다. 연구비 배분에서도 불법 약물 의존도 연구의 일환으로 NMDA(N-methyl-D-aspartate) 수용체 관련 연구비가 책정되었을 때 "만약 미국에서 약물 의존 문제를 진정으로 해결하고 싶다면 이런 연구에 돈을 쏟아붓기보다 아이들 교육에 예산을 쓰는 쪽이 훨씬 더 효율적일 거야"라고 하시던 파인버그 교수의 모습도 생생하다.

　최근 파인버그 교수는 정신과 뇌 기능을 결부시켜서 수면이 지닌 다양한 측면을 깊이 있게 고찰하는 데 연구의 주안점을 두고 있다. 이와 관련해 미국 데이비스(Davis) 시에 거주하는 초등학생을 대상으로 매년 수면 뇌파를 측정해서 수면 형태의 변화를 추적해나가는, 품이 많이 들어가는 연구를 한창 진행 중이다. 지금까지의 연구 결과, 어린이의 뇌 발달과 수면 형태의 변화는 매우 밀접한 관련이 있다는 사실을 밝혀냈다.

　몇 년 전부터 미국에 있는 수면 관련 학회 세미나에 참석할 때마다 파인버그 교수와 같은 호텔을 잡고 한 방에 함께 머무르고 있다. 올해도 학회에 같이 참석할 예정인데, 그때 이 책이 출간되었음을 은사님에게 보고를 겸해서 알려드리고 싶다.

한눈에

밑줄 요약

- 수면 질환을 진단하고 치료하는 전문 의료기관으로는 종합 수면의학센터와 수면 클리닉이 있다.

- 수면 클리닉에서는 정확한 진단을 위해 수면다원검사를 진행한다.

- 수면 클리닉에서는 수면 검사 이외에도 수면일지, 활동기록기를 이용한 수면 평가나 설문지를 통한 자가진단을 통해 수면 질환을 종합적으로 진단, 치료하고 있다.

- 많이 자도 아침에 피곤하거나, 낮에 졸음이 쏟아져 불편하거나, 자꾸 잠자는 시간이 늦춰지거나, 아침에 일어나는 것이 의지대로 안 된다면 수면 클리닉의 문을 두드려 보자.

제3장

나도 혹시 수면장애?

다양한 수면장애, 증상부터 치료까지

수면장애의 분류

수면장애란 수면과 관련해 불편한 증상이나 어려움을 겪는 다양한 상태를 아우르는 폭넓은 개념으로, 수면 전문의는 수면장애의 국제분류에 따라 수면 질환을 진단하는 것이 일반적이다. '수면장애 국제분류(ICSD; The International Classification of Sleep Disorders)'는 미국수면의학회에서 작성한 지침서로 1990년에 제1판이, 2005년에 제2판(ICSD-2)이 발표되었다(ICSD-3이 2014년에 발표되었으나 본서는 ICSD-2를 기준으로 한다-편집자주).

수면장애 국제분류를 살펴보면 I에서 VI까지 수면장애의 주요 질환이 구분되어 있고, 이를 다시 불면(I), 주간졸림과 과다수면(II, III), 수면 시간대의 문제(IV), 수면 중의 문제(V, VI), 기타 수면장애(VIII)로 세분할 수 있다.

이번 장에서는 수면 질환의 표준 진단 기준인 '수면장애 국제분류'에 따라 다양한 수면장애를 소개하고 각각의 수면 질환에 대한 해설을 곁들인다.

수면장애의 분류(ICSD-2)

I. 불면증(Insomnia)

II. 수면 관련 호흡장애(Sleep Related Breathing Disorders)

III. 중추성 과다수면증(Hypersomnias of Central Origin)

IV. 하루주기리듬 수면-각성장애(Circadian Rhythm Sleep Disorders)

V. 사건수면(Parasomnias)

VI. 수면 관련 운동장애(Sleep Related Movement Disorders)

VIII. 기타 수면장애(Other Sleep Disorders)

[출처: American Academy of Sleep Medicine, 《The International Classification of Sleep Disorders, Second Edition》(American Academy of Sleep Medicine, 2005). 국내 번역본으로 《수면장애의 국제분류 제2판》(대한수면의학회 옮김, 대한의학서적, 2011)이 있다.]
이하 각 수면장애의 진단 기준은 위의 문헌에 따른다. (ICSD-2)로 출처 표시.

3.1 불면증

수면 시간을 충분히 확보한 상태에서 잠을 자려고 침대에 누웠지만 잠을 이루지 못하는 상태를 포괄적으로 '불면증(insomnia)'이라고 부른다. 불면은 정신 질환의 증상일 수도 있고, 스트레스 등의 심리적인 문제 때문에 나타나기도 한다. 한편 환자가 불면을 주된 증상으로 호소하면서도 명백한 정신 질환이 보이지 않을 경우, 불면 자체를 치료하기 위해 '불면증'이라고 진단할 때도 있다.

다양한 불면증의 유형

ICSD-2가 제시하는 불면증의 일반적 기준은 표 3-1에, 불면증의 분류는 표 3-2에 정리해두었다. 그럼 불면증의 주요 질환을 하나씩 살펴보자.

표 3-1 :: 불면증의 일반적 기준(ICSD-2)

A. 잠들기까지 힘들고, 수면 상태를 유지하기가 곤란하며, 조기 각성, 만성적으로 회복되지 못한 느낌, 질이 나쁜 수면을 호소한다. 아동의 경우, 심한 잠투정이나 혼자 잠들지 못하는 수면 문제가 있음을 보호자의 보고를 통해 알 수 있다.

B. 수면의 기회와 환경이 적절하게 갖추어졌음에도 불구하고 위에서 언급한 수면 문제가 발생한다.

C. 야간의 수면 문제와 관련해서 아래와 같은 주간의 문제를 적어도 한 가지는 호소한다.

ⅰ) 피로 또는 권태감

ⅱ) 주의력, 집중력, 기억력 저하

ⅲ) 사회생활 또는 직장생활에 지장을 초래하거나 학업 성취도가 저하

ⅳ) 기분 저하 또는 불안 초조(기분장애 또는 초조감)

ⅴ) 주간졸림 증상

ⅵ) 의욕, 활력, 자발성 감퇴

ⅶ) 업무 중이나 운전 중에 실수나 사고 발생

ⅷ) 수면 손실에 따른 긴장, 두통, 또는 위장 계통 증상 유발

ⅸ) 수면에 대한 걱정이나 고민

표 3-2 :: 불면증의 분류(ICSD-2)

1. 적응성 불면증(급성 불면증)

2. 정신생리성 불면증

3. 역설성 불면증

4. 특발성 불면증

5. 정신 질환에서 비롯된 불면증

6. 부적절한 수면위생

7. 아동의 행동성 불면증

8. 약물 또는 물질이 유발하는 불면증

9. 신체 질환에서 비롯된 불면증

10. 물질 또는 기존의 생리적 상태에서 비롯되지 않은, 특정할 수 없는 불면증(비기질성 불면증, 비기질성 수면장애)

11. 특정할 수 없는 생리성(기질성) 불면증

적응성 불면증(급성 불면증)

말 못 할 고민거리가 생겼거나 충격적인 사건 후에 일시적으로 잠을 이루지 못하는 상태를 '적응성 불면증'이라고 부른다. 대개 적응성 불면증은 불면을 초래하는 구체적인 사건이나 스트레스가 있고, 그로 인해 일시적으로 불면에 빠지는 급성 불면증으로 3개월 이상 지속되지 않는다.

적응성 불면증은 특별히 치료하지 않아도 걱정거리가 해결되거나 스트레스에 적응하면 자연스럽게 사라진다. 하지만 적응성 불면증이 다음에 소개할 정신생리성 불면증으로 이행할 수도 있고, 잠을 자기 위해 알코올이나 약물을 남용하는 등 여러 문제가 야기될 수 있으므로 만약 2주 이상 불면이 지속된다면 빠른 시일 내에 불면증 전문의를 찾아가 치료를 받는 것이 바람직하다.

정신생리성 불면증

심각한 걱정거리가 있거나 긴장감이 이어질 때는 제대로 잠을 자지 못한다. 이런 불면의 날이 오랫동안 계속되면 수면에 대한 집착이 생긴다. 예컨대 '오늘 밤에도 못 자면 어쩌지?' 하는 불안감에 휩싸이고, 불면의 원인이었던 고민거리가 완전히 해결되어도 오직 '못 자면 어쩌지?' 하는 초초감 때문에 저녁에 침실로 들어가면 마음이 편해지기는커녕 바짝 긴장하게 된다. 이처럼 수면에 대한 지나친 걱정이 오히려 불면을 초래하는 상태를 '정신생리성 불면증'이라고 한다(표 3-3). 정신의 긴장 상태가 생리학적, 즉 뇌와 신체에 영향을 끼침으로써 결과적으로 잠을 못 이루게 된다는 뜻이다.

업무나 생활 환경의 변화 혹은 인생의 전환점 등이 불면의 요인으로 작용하기도 한다. 이를 테면 '정년퇴직 이후 스트레스가 사라졌다. 드디어 아이들이 모두 자립했다. 그러므로 앞으로의 시간은 온전히 나 자신을 위해서 쓸 수 있다'는 식으로 생활 환경이 바뀔 때 건강이나 수면 형태에 지나치게 관심을 갖거나 과도한 집착을 보일 수 있다. 이런 상황에서 어쩌다 불면이라도 경험하

표 3-3 ∷ 정신생리성 불면증의 진단 기준(ICSD-2)

A. 환자의 증상이 불면증의 진단 기준에 부합한다.

B. 불면 증상이 1개월 이상 지속된다.

C. 조건화된 수면 문제와 함께 취침 시 각성의 증가가 인정되는데, 이와 관련해 아래 항목 가운데 적어도 한 가지 증상이 있다.

  ⅰ) 수면에 대한 지나친 집착과 불안감

  ⅱ) 희망하는 취침 시간이나 예정된 낮잠 시간에는 좀처럼 잠을 이루지 못하는 반면, 의도하지 않은 상황에서 지루한 활동을 할 때는 쉽게 잠을 이룸

  ⅲ) 집이 아닌 곳에서 더 쉽게 취침함

  ⅳ) 취침 시의 정신적 각성: 생각이 꼬리에 꼬리를 물고 이어지거나 수면을 방해하는 정신 활동의 자각이 특징

  ⅴ) 취침 시의 신체적 긴장: 신체의 긴장이 해소되지 않은 상태에서는 수면 개시가 어렵다고 느낌

D. 이 수면 문제는 다른 수면장애, 신체 질환 또는 신경 질환, 정신 질환, 약물 사용이나 물질 사용 장애로 설명되지 않는다.

면 온 정신이 수면에 쏠리게 되는 것이다.

게다가 중년 이후 노년기에 접어들면 자연스럽게 숙면을 오래 취하지 못하고 하룻밤에도 몇 번이나 잠에서 깨어나는 중도각성이 일어난다(☞40쪽). 이는 나이가 들면서 생기는 지극히 정상적인 변화로, 치료 대상이 아니다. 그럼에도 불구하고 젊은 시절의 숙면과 비교하면서 노년기의 중도각성을 병적 증상으로 생각해 걱정할 때가 많다.

∷∷ 자는 것이 내 인생 최고의 미션!

이렇게 수면에 집착하다 보면 대낮부터 미리 밤잠을 걱정하고, 저녁 때 귀가하면 그 불안이 깊어져서 편안하게 쉬지도 못한다. 침실이 아늑한 휴식의 공간이 아닌 고통의 공간이라는 부정적 이미지만 강화되는 것이다. 심각한 불면을 호소하던 사람이 여행지나 친구의 집 등 평소와 다른 환경에서 모처럼 숙면을 취했다고 기뻐할 때가 있는데, 이는 자신의 침실이 부정적인 이미지와 결부되어 있음을 명백히 드러내는 셈이다.

정신생리성 불면증과 관련해 영국 옥스퍼드대학교 수면의학 교수인 콜린 에스피(Colin Espie) 연구팀이 고정화 모델을 제시했다. 이 이론을 알기 쉽게 도식화한 것이 그림 3-1이다. 정신생리성 불면증의 고정화 모델이란 '일상에서 비롯되는 스트레스(혹은 스트레스를 유발하는 인자)가 일단 불면을 일으키면 머릿속이 온통 불면에 대한 생각으로 기울어 수면을 위한 노력이 오히려 불면을 더욱 조장한다'는 내용의 가설이다.

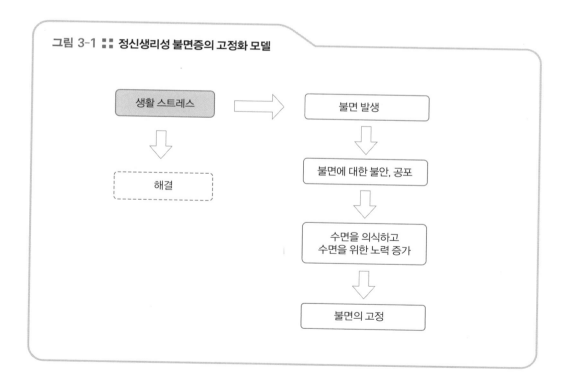

그림 3-1 ▪▪ 정신생리성 불면증의 고정화 모델

역설성 불면증

'역설성 불면증'이란 잠을 잘 자고 있음에도 불구하고 잠을 제대로 못 잔다고 호소하는 상태를 말한다. 충분히 자는데 잠을 못 잔다고 하소연한다는 점에서 '역설성'이라는 이름이 붙었다. 이와 같은 주관적인 불면을 '수면 상태의 인지 왜곡'이라고 부르기도 한다.

역설성 불면증의 발병에는 다양한 원인이 얽혀 있지만, 환자 본인의 성격도 하나의 요인이 될 수 있다. 일본 와세다대학교 스포츠과학학술원에서는 대학생들을 대상으로 성격, 주관적인 수면 상태, 객관적인 수면 상태를 동시에 기록해서 비교하는 연구를 진행한 적이 있다.

주관적인 수면 기록은 취침 시각과 기상 시각을 스스로 용지에 기록하는 방법이다. 이때 아침에 일어난 시각은 쉽게 기록할 수 있지만, 밤에 잠들기 시작한 시각을 정확하게 기록하는 일은 쉽지 않다. 그도 그럴 것이, 취침이 시작되었다면 이미 그때는 곯아떨어진 상태이므로 잠시 수면을 중단하고 몇 시 몇 분에 잠들었다고 쓰는 일은 불가능할 테니까 말이다. 따라서 아침에 일어났을 때 어젯밤에는 대략 몇 시쯤 잠들었다고 어림짐작으로 기록하게 된다. 한편 객관적인 수면 상태를 측정하기 위해 활동기록기(☞62쪽)를 이용했다. 실험 참가자가 착용한 활동기록기를 통해 수면 중의 움직임을 정확하게 기록함으로써 취침 시각을 객관적으로 평가했다.

::: 어젯밤에 정말로 잠을 못 잔 사람은 누굴까?

주관적인 수면 기록, 객관적인 수면 측정과 함께 모든 실험 참가자들을 대상으로 모즐리(Maudsley) 성격검사도 실시했다. 저명한 심리학자인 한스 아이젱크(Hans Eysenck, 1916~1997)가 작성한 모즐리 성격검사는 '내향성↔외향성'과 '신경증 경향이 강함↔약함' 등의 두 가지 성격 지표를 알아보는 심리 테스트다. 검사 결과, 신경증 경향(쉽게 불안감을 느끼는 성격 경향)이 강한 학생일수록 객관적인 취침 시각보다 더 늦게 잠들었다는 주관적인 수면 보고 사례가 많았다. 요컨대 실제 시간보다 본인은 잠을 덜 잤다고 주장한 것이다.

역설성 불면증의 경우, 객관적인 검사 수치와 환자가 주장하는 주관적인 불면 증상이 크게 차이가 나서 사실상 치료가 쉽지 않다. 실제로 임상 현장에서는 "특별히 질환은 아닙니다!" 하며 환자를 돌려보내거나, 반대로 불필요한 수면제를 처방하는 일도 드물게 있다. 수면 전문의가 다양한 검사를 해도 전혀 수면 문제가 발견되지 않고 역설성 불면증이라고 확신이 들면 잠자는 모습을 객관적인 데이터로 작성해서 환자에게 보여줌으로써 잘 자고 있음을 충분히 이해시킨다.

노년층의 경우는 연령 증가에 따른 자연스러운 수면의 질적 변화에 대해 같은 연령대 사람들의 수면 조사 자료를 비교해서 보여주며 '나이가 들면 수면의 형태가 변한다'는 사실을 거듭 알려준다. 이 과정에서 자신의 상태가 문제없다는 사실을 인지하고 안심하는 사람이 적지 않다. 하지만 앞에서 소개했듯이 신경증 경향을 동반하는 사례도 많아서 환자의 상황을 살피며 현재 겪고 있는 불안의 원인에 대해 이야기를 나누기도 한다. 환자와 대화를 나누는 동안 단순한 수면의 고민에서 좀 더 본질적인 문제로 깊숙이 파고들어 결과적으로 수면장애의 치료가 아닌, 불안장애의 치료로 이행하는 경우도 있다.

특발성 불면증

'특발성 불면증'은 영·유아기(만 6세 이전)나 아동기(만 6세 무렵~만 12세 무렵)

에 발병하는 원인 불명의 불면증을 말한다. 대체로 불면이 주요 증상으로, 불면증에서 비롯되는 이차적인 문제를 제외하고 다른 증상은 인정되지 않는다. 환자는 불면 증상이 나타나는 유아기부터 거의 평생에 걸쳐 수면 문제를 호소한다. 특발성 불면증과 발달장애의 관련성을 주장하는 연구도 있지만, 아직까지 과학적으로 입증된 바가 없다.

실제 수면다원검사를 실시하면 불면 증상과 일치하는 수면의 질적 저하가 나타난다. 구체적인 수면 문제로는 입면의 어려움, 중도각성의 증가, 수면 시간의 단축, 수면 효율의 저하 등을 꼽을 수 있다.

정신 질환에서 비롯된 불면증

대부분의 정신 질환은 수면 문제를 동반한다. 일반적으로 환자들은 정신 장애보다는 수면장애와 관련된 증상을 더 빨리, 더 쉽게 느끼기 때문에 정신 질환이 아닌 수면 문제로 병원을 찾는 경우가 많다. 실제 임상 현장에서 보면 수면장애를 호소하는 환자들 가운데 정신 질환을 가진 사례도 적지 않다. 따라서 의사는 환자를 면밀히 살피며 진료를 하게 되는데, 정신 질환이 의심되면 우선 정신장애에 대한 진단을 확실하게 밝힌 다음 환자가 앓고 있는 질환 전체(불면 증상 포함)를 통합적으로 치료한다.

불면증이 동반되는 대표적인 정신 질환으로는 우울장애와 불안장애를 꼽을 수 있다. 여기에서는 우울장애와 함께 나타나는 수면장애에 대해 알아본다.

우울장애와 수면장애

우리가 흔히 우울증이라고 부르는 '주요우울장애(major depressive disorder)'는 일시적인 우울감이 아닌 우울한 기분이 오랜 기간 지속되면서 의욕 저하가 뚜렷히 나타나는 정신 질환을 말한다(표 3-4).

우울증은 '마음의 감기'라고 부를 정도로 누구나 한 번쯤 걸릴 수 있는 매

표 3-4 ▪▪ 주요 우울장애의 진단 기준(DSM-5*)

* DSM-5는 미국정신의학회가 2013년에 개정한 《정신 질환의 진단 및 통계 편람 제5판》을 줄여서 부르는 말이다. 정신장애에 대한 진단 체계로, 세계적으로 널리 이용되고 있다.

A. 다음의 증상 가운데 5가지(또는 그 이상)가 2주 연속 지속되며 이전과 비교해 기능 상태에 변화를 보이는 경우, 증상 중 적어도 하나는 (ⅰ)우울한 기분이거나 (ⅱ)흥미나 즐거움의 상실이어야 한다.

　ⅰ) 하루 중 대부분 그리고 거의 매일 지속되는 우울 기분(예: 슬픔, 공허함 또는 절망감)에 대해 주관적으로 보고하거나 객관적으로 관찰(예: 눈물 흘림)될 때

　　※ 주의점: 아동, 청소년의 경우는 과민한 기분으로 나타나기도 함

　ⅱ) 거의 매일, 하루 중 대부분, 거의 또는 모든 일상에서 흥미나 즐거움이 뚜렷하게 저하될 때

　ⅲ) 체중 조절을 하고 있지 않은 상태에서 의미 있는 체중의 감소(예: 1개월 동안 5% 이상의 체중 변화)나 체중의 증가, 거의 매일 식욕의 감소나 증가가 나타날 때

　　※ 주의점: 아동의 경우 체중 증가가 기대치에 못 미치는 경우

　ⅳ) 거의 매일 불면이나 과다수면이 나타날 때

　ⅴ) 거의 매일 정신운동 초조나 지연(객관적으로 관찰 가능, 단지 주관적인 좌불안석 혹은 처지는 느낌만이 아님)이 나타날 때

　ⅵ) 거의 매일 피로나 활력의 상실이 나타날 때

　ⅶ) 거의 매일 무가치감 또는 과도하거나 부적절한 죄책감(망상적일 수도 있음)이 느껴질 때(단순히 병이 있다는 사실에 대한 자책이나 죄책감과는 다름)

　ⅷ) 거의 매일 사고력이나 집중력의 감소, 또는 우유부단함이 나타날 때(주관적으로 호소하거나 객관적인 관찰 가능)

　ⅸ) 죽음에 대한 반복적인 생각(단지 죽음에 대한 두려움이 아님), 구체적인 계획 없이 반복되는 자살 사고, 또는 자살 시도나 자살 수행에 대한 구체적인 계획

B. 증상이 사회적, 직업적 또는 다른 중요한 기능 영역에서 임상적으로 현저한 고통이나 손상을 초래한다.

C. 삽화(manic episode)가 물질의 생리적 효과나 다른 의학적 상태로 인한 것이 아니다.

　※ 주의점: 진단 기준 A부터 C까지는 주요 우울 삽화를 구성하고 있다.

　※ 주의점: 중요한 상실(예: 사별, 재정 파탄, 자연재해로 인한 상실, 심각한 질병이나 장애)에 대한 반응으로 진단 기준 A에 기술된 극도의 슬픔, 상실에 대한 반추, 불면, 식욕 저하, 체중 감소가 나타날 수 있고 이는 우울 삽화와 유사하다. 비록 그러한 증상이 이해될 만하고 상실에 대해 적절하다고 판단된다 할지라도 정상적인 상실 반응 동안 주요 우울 삽화가 존재한다면 이는 주의 깊게 다루어져야 한다. 이러한 결정을 하기 위해서는 개인의 과거력과 상실의 고통을 표현하는 각 문화적 특징을 근거로 한 임상적 판단이 필요하다.

D. 주요 우울 삽화가 조현정동장애, 조현병, 조형양상장애, 망상장애, 달리 명시된 또는 명시되지 않은 조현병 스펙트럼 및 기타 정신병적 장애로 더 잘 설명되지 않는다.

E. 조증 삽화 혹은 경조증 삽화가 존재한 적이 없다.

　※ 주의점: 조증 유사 혹은 경조증 유사 삽화가 물질로 인한 것이거나 다른 의학적 상태의 직접적인 생리적 효과로 인한 경우라면 이 제외 기준을 적용하지 않는다.

[출처: 정신 질환의 진단 및 통계 편람 제5판, 미국정신의학회 지음, 2013]

우 흔한 질병이다. 대체로 남성보다 여성의 발병률이 더 높지만, 우울증은 특별한 사람이 걸리는 특별한 질환이 아니라 장시간 스트레스에 시달리면 남녀노소를 불문하고 걸릴 가능성이 높아진다. 또 우울증의 발병은 개인의 의지나 노력과는 전혀 상관이 없어 본인의 노력으로 고칠 수 있는 병이 아니다. 치료가 반드시 필요한 질병인 것이다.

최근에는 우울증의 치료법이 눈부시게 발전해서 적당한 치료를 제때 받으면 말끔히 나을 수 있다. 하지만 전문 치료의 필요성을 간과하고 발병 초기에 치료할 기회를 놓친다면 무서운 병으로 발전할 수 있다. 예컨대 우울 증상 이외에도 심각한 불면이 오랫동안 지속되거나, 알코올 의존이 심해지거나, 자살 위험성이 급증하게 된다. 따라서 우울증은 조기 발견, 조기 치료가 매우 중요한 질환이라고 말할 수 있다.

● 우울증과 함께 나타나는 수면장애

우울증에 걸리면 '반드시'라고 말할 수 있을 정도로 수면장애가 빈번하게 나타난다. 환자 스스로 우울증에 걸렸다는 사실은 미처 자각하지 못해도 수면장애는 우울증 초기부터 자각할 수 있다. 이런 연유에서 불면을 주된 증상으로 호소하며 병원을 찾는 우울증 환자가 많다. 최근에는 우울증에 대한 지식이 널리 알려져 일찌감치 병원을 찾는 환자가 늘었지만, 여전히 치료 시기를 놓치는 안타까운 사례도 많으니 자신의 증상이 주요 우울장애의 진단 기준(☞79쪽)에 부합한다 싶으면 즉시 정신건강의학과를 찾아 전문가의 도움을 받았으면 한다.

우울증에서 비롯된 수면장애는 입면장애, 숙면장애(잠들어도 수면이 되지 않는 질환), 조조각성 등 다양한 형태로 나타나는데, 이 중에서 우울증과 관련해 가장 특징적인 수면 문제를 꼽는다면 이른 새벽에 깨는 조조(早朝)각성이다. 밤에는 비교적 쉽게 잠들었다 해도 새벽 2시, 3시에 깨어나서는 다시 잠을 이루지 못한다. 이 시각에 잠이 깨면 누군가와 대화를 나누려고 해도 대부분의 사람들이 깊은 잠에 빠져 있을 시각이니 혼자 고독한 시간을 보낼 수밖에 없다. 또 잠에서 깨어나면 머리가 무겁고 침대에서 일어나려는 기운도 생기지 않는다.

이처럼 심각한 불면 상태가 이어지면 약물을 이용해서라도 아침까지 자고 싶다는 생각을 하게 되고, 실제로 의사에게 수면제를 처방해달라고 하는 환자도 있다. 하지만 수면제만으로는 우울증을 고칠 수 없다. 과도한 업무량을 줄이는 등 생활을 개선하고, 적당히 휴식하고, 항우울제를 복용해야 하며, 필요에 따라서는 수면제를 복용하는 쪽이 바람직하다.

이런 의미에서도 우울증을 의학적인 질병으로 인식하고 하루빨리 병원을 찾아 적절한 치료를 받는 일이 가장 중요하다고 할 수 있겠다.

● 계절성 우울증

특정한 계절에만 나타나는 우울증이다. 계절성 우울증, 즉 '계절성 정동장애(SAD; Seasonal Affective Disorder)'는 여름 또는 겨울 등 일정한 시기만 되면 우울 증상이 되풀이되는 질환으로, 최근에는 뚜렷한 진단명으로 단정하기보다는 반복되는 '우울증의 계절성 동반'으로 명시할 때가 많다. 계절성 우울증을 간략하게 줄여서 'SAD'라고도 부르는데 '새드 엔딩(sad ending. 슬픈 결말)'이라는 말처럼 sad라는 영어 단어에는 '슬픈'이라는 의미가 있으니 그럴싸한 명칭이 아닐까 싶다.

흥미로운 사실은 위도가 높은 지방, 예를 들면 백야를 관찰할 수 있는 북유럽에는 계절성 우울증을 앓는 환자가 월등히 많다는 점이다. 마찬가지로 일본의 실태 조사에서도 남부 지방보다는 동북 지방과 최북단 홋카이도 지방에서 우울증의 계절성 동반 비율이 훨씬 높게 나타났다. 이와 같은 연구 결과를 통해 많은 학자들은 일조량의 감소가 우울 증상에 영향을 끼치는 것으로 추측하고 있다.

일조량과 관련해 좀 더 덧붙이자면, 북극에 가까운 북유럽의 경우 여름의

표 3-5 :: 계절성 우울증의 진단 기준

A. 주요 우울 삽화의 출현 시기에 규칙성이 있다.
  ⅰ) 매해 같은 시기에 출현
  ⅱ) 대체로 가을 또는 겨울에 출현
  ⅲ) 특정한 계절에 발생하는 생활상의 스트레스와는 관계가 없음

B. 1년 가운데 정해진 시기에는 완전 관해 상태(증상이 약화 또는 감소되어 나은 것처럼 보이는 것)여야 한다.

C. 지난 2년 동안, 2회의 계절성 주요 우울 삽화가 발생했다.

D. 지난 2년 동안, 계절성 주요 우울 삽화 이외의 주요 우울 삽화는 발생하지 않았다.

E. 계절성 주요 우울 삽화가 비계절성 주요 우울 삽화보다 훨씬 더 많다.

[참고: DSM-4 및 DSM-5]

백야 현상과는 반대로 겨울이 되면 해를 볼 수 있는 시간이 대략 오전 10시부터 낮 2시까지 서너 시간뿐이다. 여름과 겨울의 일조량이 극단적으로 차이 나는 것이다.

계절성 우울증 환자를 보면 겨울철에 우울감을 호소하는 사례가 많은데, 이처럼 겨울만 되면 우울증이 찾아오는 환자에게는 '빛 치료(light therapy)'가 크게 도움이 된다. 빛 치료란 매우 밝은 형광등이나 LED 전등을 여러 개 연결해놓은 것 같은 형태의 조명기기 앞에서 아침의 일정 시간 동안 밝은 빛을 쬐는 치료법이다(그림 3-2). 아침에 쬐는 빛이 수면-각성 리듬에 영향을 끼친다는 사실은 뒤에서 자세히 소개하겠지만(☞152쪽), 계절성 우울증의 증상 완화에도 밝은 빛이 효과적이다. 또 빛의 세기가 충분하다면 직접 만든 전등 장치도 우울감 개선에 도움을 줄 수 있다. 실제로 형광등 스탠드 3개를 꾸준히 쬐었더니 증상이 한결 나아졌다는 환자도 있었다.

부적절한 수면위생

'부적절한 수면위생'이란 양질의 수면을 방해하는 행동 때문에 수면의 질이

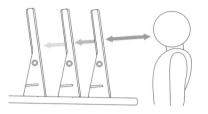

기계 장치의 위치에 따라 빛의 세기를 조절할 수 있다!

사진: Bright ME+

가로 33cm, 세로 53.5cm, 너비 13.5cm

[사진 제공: 솔라톤주식회사]
https://www.brightlight.jp/item/index.html

그림 3-3 ⠿ 계절성 우울증의 예방과 치료를 위해

햇빛 쬐기   밝은 빛 쬐기

나빠지는 것을 말한다. 숙면에 방해가 되는 요소로는 환경(빛, 소리, 온도, 습도 등), 알코올 섭취, 불규칙한 수면 시간, 취침 전의 행동 등 여러 가지가 있다.

● 환경

저녁식사 후 거실에서 술을 마시면서 TV를 보다가 새벽 3시 즈음 침실로 향하는 것이 일상이라면 알코올, 빛, 소리 등 수면에 나쁜 영향을 끼치는 모든 요소를 껴안고 사는 셈이다.

최근에는 잠자리에서 습관처럼 스마트폰을 만지작거리는 사람이 많은데, 이런 행동도 수면을 방해한다. 스마트폰 화면을 본다는 것은 잠자기 직전에 강렬한 청색광(blue-light)을 응시한다는 의미다. 광선 중에서도 파장이 450나노미터(㎚) 전후인 청색광은 뇌 활동을 활발하게 각성시키거나 생체시계에 작용하는 것으로 알려져 있다. 취침 전에 스마트폰에서 나오는 청색광에 노출되면 각성 수준이 상승하고 동시에 수면 시간대가 지연되어서 불면을 유발하기 쉽다(☞153쪽). 그럼에도 불구하고 잠자기 전에 휴대용 디지털 기기를 사용해야 한다면 청색광을 차단하는 안경으로 조금이나마 피해를 줄였으면 한다. 부적절한 수면위생의 대표 주자로 스마트폰 중독이 거론되고 있는 만큼 좀 더 경각심을 가져야 할 것 같다.

또 일본이나 한국 가정의 거실 조명은 서구에 비해 매우 밝은 편이다. 유럽이나 미국의 가정집을 방문해보면 집 안의 평균 조명도는 낮추고 간접 조명을 적극 활용하는 인테리어의 특징을 포착할 수 있다. 이처럼 거실의 조명을 너

■■■ 과연 숙면에 도움이 될까?

무 환하지 않게 유지하는 것이 건강한 수면 관점에서 보면 바람직하다고 여겨진다.

● **알코올, 카페인, 니코틴**

알코올은 입면 시간을 단축시킨다는 점 외에는 수면에 바람직한 영향을 끼치지 못한다. 알코올과 수면의 관계는 바로 뒤에서 자세히 소개한다(☞86쪽).

또 취침 직전에 많은 양의 카페인을 섭취하는 습관도 수면을 방해한다.

담배도 마찬가지다. 흡연자 가운데는 침실로 향하기 전에 예외 없이 담배를 피우는 사람이 있는데, 니코틴은 각성을 야기하는 대표적인 물질로 숙면을 방해할 따름이다. 이들 물질과 관련된 내용은 '약물 또는 물질이 유발하는 불면증'(☞90쪽)에서도 자세히 설명한다.

● **불규칙한 수면 시간**

잠자는 시간대가 일정하지 않으면 부적절한 수면위생으로 불면 증상이 나타날 수 있다. 교대근무자는 업무 특성상 수면 시간이 들쭉날쭉할 수밖에 없는 상황이지만, 프리랜서로 활동하는 사람들 가운데는 불규칙한 밤샘 작업으로 수면 시간대가 일정하지 않을 때도 많다.

이들 가운데는 뒤에서 설명할 '하루주기리듬 수면–각성장애'(☞148쪽)가 있을 가능성도 있다. 만약 규칙적인 시간대에 자려고 마음을 먹으면 충분히 잠들 수 있음에도 불구하고 스스로 불규칙한 수면 시간을 고집함으로써 생기는 불면증의 경우 '부적절한 수면위생으로 유발되는 불면'으로 진단한다.

● **취침 전의 부적절한 행동**

잠자리에 들기 전에 운동이나 신체 활동을 심하게 하는 사람이 있다. 또 게임을 하거나 침대에 누워서 한 시간 넘게 친구와 통화하는 사람도 있다. 이런 습관이 있더라도 수면에 문제가 없다면 상관없지만, 취침 전의 부적절한 행동으로 수면의 질이 나빠지거나 결과적으로 수면 시간을 충분히 확보하지 못한다면 나쁜 습관을 바로잡아야 한다. 또 늦은 밤에 매운 맛의 야식을 즐기는 일도 수면에는 부정적인 영향을 끼친다.

만약 수면에 부적절한 행동으로 불면 증상이 생겼다면 나쁜 습관을 개선하는 일이 주요 치료법일 것이다. 그런데 정작 본인은 자신의 나쁜 습관이 수면에 영향을 끼쳤다고 인식하지 못할 때가 많고, 나쁜 습관에 빠질 수밖에 없는 일상생활 또는 인간관계 등의 문제를 안고 있을 가능성도 있다. 따라서 임상 현장에서는 환자에게 단순히 나쁜 수면 습관을 지적하는 것이 아니라, 부적절한 행동의 배경에 대해서도 깊이 있게 접근함으로써 좀 더 효과적으로 부적절한 수면위생을 바로잡으려고 한다.

알코올과 수면

알코올과 수면의 관련성에 대해 결론부터 말하자면, 알코올은 수면에 그다지 좋은 영향을 끼치지 않는 것 같다. 예부터 술을 알맞게 마시면 어떤 약보다 몸에 이롭다는 뜻의 '백약지장(百藥之長)'이라는 말이 있고, 잠자기 전에 마시는 술 한 잔을 '나이트캡(nightcap)'이라고 표현하며 술을 즐기는 애주가도 있다. 하지만 다양한 연구 결과를 살펴보면 알코올이 수면에 미치는 효과는 대체로 바람직하지 않음을 알 수 있다.

실제 소량의 알코올은 수면이 아닌 심혈관계 질환의 위험도를 줄이는 것으로 알려져 있다. 또 취침 전에 마시는 술이 수면에 미치는 효과는 과학적으로 명확하게 밝혀진 바가 없다. 오히려 매일 밤 습관처럼 홀짝이는 한 잔

의 술이 자신도 모르는 사이에 중독 수준으로 악화될 수 있음을 유념해야
한다. 알코올 의존성을 확인해볼 수 있는 자가진단 체크리스트를 아래에 실
어두었다(CAGE 질문법).

알코올 의존성 평가 도
구로 가장 간단하면서
도 널리 쓰이는 CAGE
질문법은 4가지 질문
내용을 나타내는 영
문 머리글자를 따서 붙
여진 이름이다. 요컨
대 'Cut Down(절주)'
의 C, 'Annoyed(성가
심)'의 A, 'Guilty(죄책
감)'의 G, 그리고 'Eye-
Opener(해장술)'의 E
를 뜻한다.

> ### CAGE(케이지)* 질문법
>
> ● 지금까지 술을 줄여야겠다고 결심한 적이 있나요?
>
> ● 지금까지 자신의 음주 습관에 대해 주위 사람들에게 지적을 받은 적이 있나요?
>
> ● 지금까지 자신의 과도한 음주 때문에 죄책감을 느낀 적이 있나요?
>
> ● 음주 다음 날 아침, 마음의 안정을 얻기 위해 또는 숙취 해소를 위해 해장술을 찾은 적이
>   있나요?

한편 과음 습관이 아니라도 알코올은 수면에 다각도로 영향을 끼친다. 건
강한 사람이라면 술을 마시고 나서 비교적 쉽게 잠에 빠진다. 바로 이것이 애
주가가 예찬하는 나이트캡의 효과다. 하지만 알코올은 대사 속도가 빠르기
때문에 수면 후반부로 갈수록 부정적인 영향을 끼치게 된다. 말하자면 알코
올 섭취로 인해 수면 전반부에 억제되었던 렘수면이 반동으로 증가하고 얕은
잠이 거듭 나타나는 것이다.

실제로 과음한 다음 날, 평소보다 이른 아침에 눈이 떠진 경험이 있을 것
이다. 그렇다면 취침 직전의 음주가 아닌, 저녁식사에 곁들이는 반주는 수
면에 영향을 끼치지 않을까? 그렇지 않다. 알코올은 꽤 긴 시간 동안 수면에
부정적으로 작용한다는 연구 결과가 있다.

술을 마신 날에는 많은 사람들이 평소보다 더 심하게 코를 곤다. 이는 알
코올의 이완 작용으로 인해 인두 주변 근육의 긴장도가 떨어져서 기도를 좁
히기 때문이다. 원래 수면 중 무호흡이 있는 사람은 술을 마시면 증상이 더
악화된다. 또 보통 때는 증상이 거의 나타나지 않는 사람이더라도 술을 마신
뒤에는 수면무호흡증이 나타나기도 한다.

금주를 한 뒤에도 알코올은 오랫동안 수면에 영향을 끼친다. 실제로 알코

::: **폭음은 늘 후회가 뒤따른다!**

올 의존성이 있던 사람이 금주한 지 1~2년이 지난 뒤에도 같은 연령대의 비음주자에 비해 수면 시간이 짧고, 서파수면이 감소하고, 중도각성이 자주 발생하며, 렘수면이 다소 늘어난다는 변화가 보고되고 있다. 이런 변화는 깊이 못 자는 수면장애로 자각된다. 수면 문제와 관련해 다양한 자각 증상을 느낄 즈음에는 푹 자기 위해서 다시 술을 찾게 되는 악순환에 빠지기도 한다.

알코올에서 비롯된 수면장애는 금주와 벤조다이아제핀(benzodiazepine) 계열의 수면제 처방이 주요 치료법이다. 하지만 의료 현장에서 보면 술을 끊는 일이 무척 어렵다. 또 벤조다이아제핀 계열의 약물을 처방하는 데도 의견이 분분하다. 벤조다이아제핀 계열은 알코올과 교차내성을 일으키기 때문에 약효가 나타나기 어렵고, 복용량을 늘려야 한다는 점에서 벤조다이아제핀 계열이 아닌 다른 수면제를 처방해야 한다는 주장도 있다.

아동의 행동성 불면증

아동기는 올바른 수면 습관을 들이는 아주 중요한 시기다. 수면 습관을 비롯해 어릴 때 익힌 건강한 생활습관은 일생에 다양한 형태로 긍정적인 영향을 끼친다.

최근에 아이들의 취침 시각이 예전보다 훨씬 늦어지고 있다는 사실이 각종 실태 조사를 통해 문제로 지적되고 있다. 이런 사실만 보더라도 아동기의 수면 습관을 둘러싼 환경이 점점 열악해지고 있는 것은 확실한 듯하다. 그중에서 아동의 행동성 불면증은 부적절한 생활습관에서 야기되는 것으로 '입면 관련 유형'과 '훈육 부족 유형'으로 크게 분류하고 있다.

● 입면 관련 유형

입면 관련 유형은 주로 영·유아기에 나타나는 수면장애로, 잠을 자려고 할 때 특별한 조건이 충족되지 않으면 잠들지 못하는 유형을 말한다. 예컨대 잠들기 위해 부모가 반드시 안고 흔들어줘야 한다거나, 똑같은 오르골 소리를 듣지 못하면 잠들지 못한다거나, 부모가 쓰는 침대에서만 잠을 자는 식이다. 이런 문제들이 극단적으로 나타나면 아이의 수면은 물론이고 부모의 수면에도 매우 부정적인 영향을 끼치게 된다.

● 훈육 부족 유형

훈육 부족 유형은 아이를 양육하는 부모가 수면과 관련해 일관성 없이 훈육하거나, 아이가 부모에게 분리불안을 느낄 때 생겨난다. 여기에서 '일관성 없는 훈육'이란 어떤 날은 밤늦게까지 온 가족이 깨어 있으면서 왁자지껄 즐거운 시간을 보내는가 하면, 또 어떤 날은 저녁 8시부터 일찍 자라고 부모가 재촉하는 식으로 부모의 형편에 따라 수면 시간을 강요하는 잘못된 양육방식을 말한다. 아이의 관점에서 보면 취침 시각이 들쭉날쭉하다 보니 늦게 자는 행동이 맞는지, 일찍 자는 것이 올바른 습관인지 매우 혼란스러울 따름이다.

'분리불안'이란 부모와 떨어져 있는 것에 대해 아이가 과도하게 불안해하는 상태를 말한다. 분리불안은 정상적인 발달 과정에서도 흔히 볼 수 있는데, 분리불안이 심해지면 아이는 부모의 관심을 끌기 위해 바람직하지 못한 행동을 일삼을 때가 많다. 늦은 밤까지 잠을 자지 않고 깨어 있으면 그만큼 부모가 자신에게 관심을 갖고 곁에 있어준다는 사실을 알고 일부러 안 자는 상황을 반복하는 것이다.

아동의 행동성 불면증은 단순히 수면 문제에서 그치지 않고 아동의 전반적인 생활습관에 영향을 끼친다. 따라서 좀 더 전문적인 시각에서 부모와 자녀의 유대감을 종합적으로 살피면서 치료법을 모색해야 한다.

약물 또는 물질이 유발하는 불면증

● 약물

일반적으로 병을 고칠 때 약물치료는 매우 중요하다. 약물은 다양한 질환을 치료하는 데 쓰이지만, 그중에 불면을 야기하는 것이 있다(표 3-6). 이들 약물로 인해 불면 증상이 나타날 경우, 만약 다른 약으로도 교체할 수 없으면 수면제를 추가로 처방하는 것이 일반적인 치료 방법이다. 물론 병이 완쾌되었을 때는 더 이상 약을 복용하지 않을 테고, 결과적으로 불면도 해소된다.

표 3-6 :: 불면을 유발하는 약물

항고혈압제	프로프라놀롤(propranolol), 레세르핀(reserpine)
항결핵제	이소니아지드(isoniazid)
파킨슨병 치료제	레보도파(levodopa), 애먼타딘(amantadine)
궤양 치료제	시메티딘(cimetidine)
부신피질 스테로이드	프레드니솔론(prednisolone), 덱사메타손(dexamethasone)
기관지 확장제	테오필린(theophylline), 에페드린(ephedrine)
항우울제	선택적 세로토닌 재흡수억제제(SSRI), 세로토닌-노르에피네프린 재흡수억제제(SNR)
기타	카페인, 인터페론, 정신자극제(과다수면증 치료제)

● 기타 물질

카페인이 불면을 유발하기도 한다. 커피는 수면을 방해하는 물질로 널리 알려져 있는데, 스스로 그 사실을 인지하면서도 식후 커피를 끊지 못하고 잠들기 힘들다고 호소하는 사례도 있다.

알코올은 수면 잠복기를 단축하는, 즉 쉽게 잠들게 하는 작용이 있지만 수면의 질은 떨어뜨린다(☞86쪽). 게다가 알코올 섭취량이 점점 늘어나기 쉽다. 결국 술을 마시지 않으면 잠을 이루지 못하는 악순환이 거듭되는 것이다.

음식 알레르기에서 비롯되는 불면도 있다. 주로 갓난아이에게 나타나는 우유 또는 유제품 알레르기가 유발하는 불면을 지칭하는데, 굉장히 드문 질환이다. 우유 알레르기가 있으면 피부 증상이 동반되기도 한다. 실제 우유를 중단하면 잠을 잘 자게 되고, 다시 섭취하면 불면이 찾아오는 식으로 특정 음식과의 관계가 뚜렷한 것이 특징이다.

이 밖에 중추신경과 교감신경을 흥분시키는 각성제인 암페타민(amphetamine)이나 코카인(cocaine) 등의 마약류도 불면을 야기하고, 중금속이나 독성물질의 중독에 따른 독물성 수면장애도 약물 또는 물질이 유발하는 불면증에 포함된다.

신체 질환에서 비롯된 불면증

불면증을 일으키는 신체 질환에는 종류가 많은데, 흔히 볼 수 있는 질환을 표 3-7에 정리해두었다.

표 3-7 ▪▪ 불면 증상을 초래하는 질환

- 통증을 동반하는 질환
- 호흡장애를 일으키는 질환(호흡 곤란, 기침, 천식 등)
- 치료적으로 혹은 질병에 따라 신체 동작에 제한이 있을 때
- 중추신경계 증상을 일으키는 질환(수면의 신경기구에 장애 동반)
- 갱년기장애 등

불면증의 치료

지금까지 다양한 불면증을 소개했다. 이 중에서 정신 질환으로 비롯된 불면증이나, 약물 또는 물질이 유발하는 불면증과 같이 외적 요인에 의한 불면은 지금부터는 제외하고 설명한다.

정신생리성 불면증의 치료를 중심으로 몇 가지 치료법 중에서 가장 기본이 되는 치료법은 수면에 대한 객관적인 설명(수면 교육)을 꼽을 수 있다.

특히 노년기 불면의 경우, 연령 증가에 따른 수면 양상의 변화를 젊은 시절의 숙면과 비교해서 심각한 병으로 오인하는 사례가 종종 있다. 이때 전문의는 본격적인 치료에 앞서 불면증 개선의 궁극적인 목표가 어디에 있는지 환자와 충분히 대화를 나누게 된다. 20대 때처럼 아침까지 단 한 번도 깨지 않고 푹 자는 것이 치료의 목표라면 수면제를 과다하게 복용해야 한다. 단, 수면제를 과용하면 낮에도 영향을 받아서 주간 활동 시간에 몽롱한 상태로 지내야 하므로 생활의 질이 현저하게 떨어진다는 사실을 환자는 충분히 이해해야 한다. 또 낮에 운동을 하면 야간 수면이 개선되기 때문에(☞100쪽) 생활습관을 바꿔나갈 수 있는지를 살피고, 지나치게 밝은 야간 조명은 수면을 방해하므로 수면 환경도 확인해야 한다.

이를 넓은 의미에서 '수면위생 지도'라고 부른다. 수면위생 지도는 밤에 잠을 못 자니까 낮잠을 자려고 애쓰다가 결국 밤에 또 못 자는 악순환에 빠진 경우, 수면을 위해 알코올에 의존하게 되는 사례, 잠을 자기 위해 필요 이상으로 일찍 침대에 누웠지만 결국 침실에서 불쾌한 시간을 늘리는 사례 등과 관련해 나쁜 습관을 바로잡기 위해 두루 지도하는 것을 말한다.

일상생활에서 비롯된 걱정거리나 고민거리가 많을 때는 전문의와의 상담을 통해 문제 해결의 실마리를 포착하는 '정신치료'도 불면 증상 완화에 도움이 된다. 만약 심각한 불안이 불면을 야기한다면 의사는 불안감의 원인을 수면위로 드러낼 수 있도록 이끌어주거나 환자의 불안감을 적극적으로 공감해줌으로써 환자 스스로 문제를 받아들이고 차분히 생각할 수 있는 계기를 마련해주기도 한다. 더 나아가 '불면증의 인지행동치료'(☞94쪽)도 진행한다.

이처럼 비약물 치료를 모색하면서 약물치료를 병행하는 것이 불면증의 일반적인 치료법이다. 약물치료에는 주로 벤조다이아제핀 계열의 수면제(☞203쪽)가 사용된다. 낮 동안의 불안 증세가 심할 때는 수면제 이외에 항불안제나 항우울제를 함께 처방하기도 한다.

대체로 병원에서 불면증 치료 전문가와 상담을 하고 나면 환자는 안정감을 얻어 불면 증상이 한결 나아진다. 수면 질환 전문의에게 정확한 의학지식을 들으면 환자는 적절한 대처법과 연령 증가에 따른 수면 형태의 변화를 쉽게 이해할 수 있으므로 아무래도 마음을 편안히 가질 수 있는 것이다.

실제 임상 현장에서 불면증으로 고생하는 환자를 만나 보면 혼자 괴로워하다 악순환에 빠진 경우가 많다. 예컨대 한밤중에 잠에서 깨는 일은 생리학적으로는 병적 상태가 아니지만 이를 심각한 질병으로 받아들이고 잠에서 깰 때마다 '오늘도 한밤중에 눈이 떠지다니, 난 정말 중병에 걸렸나봐!' 하며 지나치게 걱정하고 불안해한다. 이런 불안감이 각성을 부채질하고 다시 잠들지 못하게 할 때도 많다.

불면 증상이 개선되면 수면제를 조금씩 줄여나가다 마침내 수면제를 끊게 된다. 수면제 복용을 갑자기 중단했을 때 나타날 수 있는 '반동 현상'으로 불면 증상이 심해질 수 있기 때문에(☞220쪽) 수면제 복용을 중단하는 일은 전문의와 충분히 상의하면서 의사의 처방에 따르는 것이 매우 중요하다.

불면증의 인지행동치료

불면증의 인지행동치료(CBT-i; Cognitive Behavioral Therapy for insomnia)는 넓은 의미에서 비약물 불면증 치료를 총칭한다. 좁은 의미에서는 불면증에 대한 왜곡된 인지나 잘못된 생활습관을 개선하고 잠을 잘 수 있게끔 이끌어주는 치료를 말한다. 보통 운동치료는 인지행동치료에 포함되지 않으므로 불면증의 운동치료는 뒤에서 더 자세히 알아보기로 하겠다.

불면증 치료법 가운데 가장 먼저 떠올리게 되는 약물치료는 효과적이지만 부작용이 따른다. 수면제의 부작용으로 어지럼증이나 주간졸림, 집중력 저하, 약물에 대한 정신적 의존과 습관성을 지적할 수 있다. 제4장 수면제 항목에서도 소개하겠지만, 현재 사용되고 있는 수면제의 경우, 안전성은 높지만 그렇다고 해서 부작용이 전혀 없는 것은 아니다. 이와 같은 사실에 주목한다면 인지행동치료는 약물치료에서 경험할 수 있는 부작용이 전혀 없기 때문에 무엇보다 안심하고 진행할 수 있다. 불면 증상의 출현 빈도는 나이가 많아지면서 높아진다고 알려져 있는데, 고령자의 경우 수면제 처방은 최소한으로 줄이고 생활습관을 바로잡음으로써 수면 증상을 개선하는 일이 매우 자연스러운 치료라고 할 수 있다.

미국의 불면증 인지행동치료 전문가인 마이클 비티엘로(Michael Vitiello) 교수가 제시하는 인지행동치료의 구체적인 방법은 다음과 같다.

① 수면위생 교육
② 수면일지 작성
③ 자극 통제 치료
④ 수면 제한 치료

그리고 다음 두 가지도 인지행동치료에 포함될 때가 있다.

⑤ 인지치료
⑥ 이완 훈련

각각의 항목을 좀 더 자세히 알아보자.

① 수면위생 교육

수면과 관련한 나쁜 습관을 바로잡고 올바른 지식을 전달하는 교육을 일컫는다. 이를테면 연령에 따른 수면의 질적 변화를 정확하게 알지 못하면 나이가 들수록 빈번해지는 얕은 잠과 중도각성을 심각한 질병으로 오해할 수 있다. 이때는 의사가 노년기 수면의 특징을 친절하게 설명해줌으로써 환자는 안심할 수 있다.

그 밖에도 부적절한 수면위생으로는 오후에 낮잠을 오래 자거나, 침대에 너무 오랜 시간 머문다거나, 저녁을 너무 늦게 먹거나, 지나치게 매운 음식을 먹거나, 밤에 커피를 마시는 습관을 꼽을 수 있다. 더욱이 바람직하지 못한 침실 환경도 수면을 방해한다. 이처럼 평소의 수면 생활을 꼼꼼히 확인하면서 더 나은 수면 환경을 조성하는 일이 수면위생 교육의 목적이다. 단지 수면위생의 기본 원칙을 바로 아는 것만으로 불면 증상이 개선되는 사례도 많다.

수면위생 교육의 구체적인 예로, 일본 후생노동성에서 작성한 '건강한 수면을 위한 12가지 지침'을 뒤에 실었다(☞107쪽).

2011년 마이클 비티엘로 교수가 일본을 방문했을 때 교수 부부와 함께 가마쿠라 대불 앞에서 기념 촬영. 워싱턴대학교에서 정신의학 및 행동과학을 가르치는 마이클 비티엘로 교수는 수면 전문가이자 노화 연구 프로그램의 책임자로 활동하고 있다.

② 수면일지 작성

수면위생 교육과 함께 중요한 것이 바로 수면일지다. 앞에서도 설명했지만 (☞61쪽), 환자가 직접 기록하는 일종의 수면 시간표다. 수면일지를 작성할 때는 일기처럼 문장으로 길게 써내려가는 것이 아니라, 하루 24시간을 하나의 행으로 잡은 표에 잠을 자는 시간대를 매일 꼼꼼하게 채워나간다. 야간 수면뿐만 아니라 낮잠도 기록한다. 또 실제 잠을 잔 시간은 물론이고, 잠자리에 누워 있던 시간과 식사 시각, 약 복용 시각, 목적에 따라서는 운동 시각이나 운동량도 자세히 기입한다.

수면일지는 환자가 자신의 수면 양상을 자각하는 데 매우 중요한 참고 자료가 된다. 잠을 못 잔다는 고민은 매우 주관적일 수 있으며, 실제로는 잘 자고 있을 때도 있다. 제대로 잠을 자고 있지만 본인이 수면과 관련해 불편함과 불만족을 느낀다면 의사는 수면일지를 쓰도록 제시하면서 수면위생 교육을 병행해 환자가 자신의 현재 수면 상태를 깨닫도록 냉철하게 설명한다.

수면일지의 또 다른 목적은 환자 스스로 자신의 수면 상태를 객관적으로 파악하는 것이다. 자신의 수면 상태를 정확하게 파악함으로써 스스로 수면에 대한 이미지가 바뀔 때도 있다. 이때는 수면일지 대신 '수면 측정법'에서 소개한 활동기록기(☞62쪽)를 사용한다.

수면일지나 활동기록기를 통한 수면 상태 측정은 불면증을 치료하는 데 효

과적일 뿐만 아니라, 일상에서 수면에 좀 더 관심을 가지고 건강한 생활을 모색한다는 측면에서도 의미가 있다.

③ 자극 통제 치료

불면증의 인지행동치료 가운데 자극 통제 치료(Stimulus Control Therapy)가 있다. '자극 조절법' 혹은 '자극 제어법'이라고도 하는데, 불면증 환자는 충분히 못 잤다는 사실을 만회하기 위해 각성 시에 지나치게 휴식하려는 경향이 문제점으로 지적되고 있다. 밤에 숙면을 취하지 못했기 때문에 어떻게 해서든 낮잠이라도 자야만 한다고 믿는 식이다. 이처럼 잠자리 환경이 수면을 방해할 때는 자극 통제 치료를 활용하면 효과가 있다.

구체적인 방법은 다음과 같다[Richard Bootzin et al., 1978].

- '수면 전 의식(pre-bed ritual)'을 실천한다(예: 반신욕하기, 허브티 마시기).
- 깨끗하고 안락한 침실을 만든다.
- 매일 아침 일정한 시간에 일어난다.
- 졸릴 때만 자리에 눕는다.
- 잠이 오지 않으면 자리에서 일어나서 다른 일을 하다가 잠이 오면 침대에 다시 눕는다.
- 침대는 취침용으로만 사용한다.
- 낮잠을 자지 않는다.

④ 수면 제한 치료

불면증의 인지행동치료 가운데 수면 제한 치료(Sleep Restriction Therapy)는 비교적 실천하기 쉬운 치료법으로 꼽힌다. 잠을 자지 않으면 수면 욕구가 높아져서 졸음이 찾아온다는 지극히 당연한 메커니즘을 이용해 수면을 촉구하고, 정신생리성 불면증의 인지 왜곡을 바로잡는 치료법이다.

요컨대 침대에서 보내는 시간을 제한하는 행동치료로, 구체적인 방법은 다음과 같다[Arthur Spielman et al., 1987)].

- 수면일지를 통해 평균 수면 시간을 파악한다.
- 침대에서 머무르는 시간을 제한한다.
- 매일 아침 정해진 시간에 일어난다.
- 낮잠을 자지 않는다.

위의 제한 조건을 바탕으로,

- 침대에서 머무르는 시간의 90% 이상(65세 이상 노인의 경우 85% 이상)이 실제 수면 시간이라면 침대에서 보내는 시간을 늘린다.
- 침대에서 머무르는 시간의 80% 이하(65세 이상 노인의 경우 80% 이하)가 실제 수면 시간이라면 침대에서 보내는 시간을 줄인다.

⑤ 인지치료

인지치료(Cognitive Therapy)는 수면과 관련해 잘못된 생각을 바로잡음으로써 불면 증상을 개선하는 치료법이다. 인지 왜곡의 한 가지 예를 들자면, 바쁜 사회생활을 하면서 매일같이 8시간씩 잘 수 있는 사람은 그리 많지 않다. 하지만 불면증 환자에 따라서는 하루 8시간의 평균 수면 시간을 채우지 못하면 업무의 효율이 떨어지고 건강에도 치명적인 손상을 가져온다고 굳게 믿는 사람이 있다. 이 같은 인지 왜곡을 조금씩 바꿔나가는 것을 '인지의 재구성화'라고 한다.

인지치료에는 수면위생 교육과 수면일지 작성을 통한 재인식, 나아가 정신

치료를 통한 불안감의 해소 등이 두루 포함된다.

⑥ 이완 훈련

이완 훈련(Relaxation Training)은 몸을 되도록 이완시켜서 신체의 각성 수준을 떨어뜨리는 긴장 완화 기법으로, 불면증 치료에서는 점진적 근육 이완법이나 복식호흡법 등이 주로 사용된다. 점진적 근육 이완법은 신체 근육 중에서 비교적 힘을 주기 쉬운 부분(다리)을 5초 정도 긴장시켰다가 이완시키는 과정을 반복하는데, 이 과정을 점차 몸 전체로 확대해나가며 긴장을 푸는 방법이다. 이런 점진적 근육 이완법은 자다가 깨도 다시 잠들 수 있게 도와준다.

복식호흡법도 긴장 완화에 매우 효과적이다. 복식호흡을 통해 부교감신경이 자극되면 몸과 마음이 모두 이완된다고 알려져 있다. 복식호흡의 방법은 가로막의 이완과 수축으로 이루어지는데, 먼저 숨을 천천히 코로 깊게 들이마시고 들숨보다 더 오랜 시간 동안 아주 천천히 입으로 숨을 토해낸다.

이는 동양의학에서 말하는 단전호흡과 비슷하다. 단전의 위치는 배꼽을 기준으로 주먹 하나쯤 되는 배꼽 아래를 말하는데, 단전에 공기를 채우듯이 심호흡을 하고 숨을 천천히 내쉬는 호흡법이 단전호흡이다. 단전호흡은 복식호흡보다 아랫배, 즉 단전에 의식을 집중하는 것이 특징이다. 얕은 가슴호흡이아닌, 깊은 복식호흡을 통해 마음이 평온해지면 자연스레 잠이 오게 되는 것이다.

불면증의 운동치료

흔히 낮에 운동을 하면 밤에 꿀잠을 자는 것은 당연하다고 생각한다. 실제로 운동과 수면은 서로 밀접하게 연관되어 있다는 사실이 다양한 연구를 통해 밝혀졌다. 지금까지의 연구 결과를 종합해보면, 적당한 운동은 서파수면을 증가시키고 수면을 안정시키며 렘수면을 감소시킨다고 한다. 다만 운동 강도가 지나치게 높으면 스트레스가 높아질 수 있기 때문에 수면의 질이 나빠질 가능성도 있다.

운동이 불면증 개선에 도움이 된다는 이야기를 듣고 당장 오늘 밤에 숙면을 취하려고 낮에 갑작스레 운동을 했다면 어떻게 될까? 안타깝게도 여전히 잠을 이루지 못할 확률이 높다. 여러 실험 결과에 따르면, 매일 규칙적으로 운동하는 사람은 그렇지 않은 사람에 비해 수면 시간이 길고 서파수면이 많고 중도각성이 적어서 안정된 수면을 취한다. 요컨대 잘 자기 위해서는 하루 반짝 운동이 아니라 평소 꾸준히 운동하는 습관을 들여야 한다.

 **운동과 수면의 관련성**

대체로 낮에 하는 운동은 야간 수면에 도움을 준다고 알려져 있다. 예를 들어 2003년 미국수면재단(NSF; The National Sleep Foundation)에서 실시한 '수면에 관한 미국 여론조사(Sleep in America Poll)'에 따르면, 일주일에 한 번 이상 운동을 하는 장노년층은 거의 모든 항목에서 수면 문제가 적다는 연구 결과를 얻었다. 일본인을 대상으로 한 연구에서도 고령자에게 점심식사 후

낮잠과 운동을 4주간 실시했더니 수면 효율이 개선되었다[타나카 히데키(田中秀樹) 외, 2003].

이렇듯 잠을 잘 자기 위해서는 운동을 해야 한다는 것이 상식이지만, 수면 관련 연구 논문을 자세히 살펴보면 당연한 상식으로 받아들일 만큼 과학적으로 확실히 증명되었다고 단정 짓기는 어려울 것 같다.

베이클랜드와 래스키의 연구

운동과 수면의 관련성을 객관적인 실험 결과로 도출해낸 첫 과학 논문은 1966년에 발표한 프레더릭 베이클랜드(Frederick Baekeland)와 리처드 래스키(Richard Lasky)의 연구다. 이들 연구팀은 운동선수로 활동하는 대학생 10명을 대상으로 각각 세 가지 조건에서 수면을 취하게 한 다음 운동이 수면에 끼치는 영향을 관찰했다. 세 가지 조건은 '오후 운동'(시간대는 논문에 소개되어 있지 않다)과 '밤 운동'(측정을 위해 실험실에 오기 직전), 그리고 '운동하지 않는다'로 구성되어 있다. 그 결과 오후 운동을 한 학생들에게서는 운동을 하지 않은 학생들에 비해 깊은 논렘수면인 서파수면이 확실하게 증가했다. 하지만 '밤 운동'의 조건에서는 별다른 변화가 관찰되지 않았다.

연구팀은 이 실험 결과를 통해 다음의 세 가지 결론을 끌어냈다.

- 운동은 서파수면을 증가시킨다.
- 취침 직전의 운동은 신체 스트레스를 가중시켜 서파수면을 억제할 가능성이 있다.
- 본 연구의 실험 대상자가 다른 연구의 실험 대상자보다 '운동을 하지 않은 밤'을 기준으로 할 때 서파수면의 양이 많은 이유는 본 연구 실험 대상자의 경우, 운동 습관을 갖춘 운동선수이므로 규칙적인 운동 습관이 서파수면을 증가시켰을 것으로 추정된다.

베이클랜드와 래스키의 연구가 방법론적으로는 문제가 있지만, 이후의 실험에서 끊임없이 논란거리가 될 본질적인 문제를 제시한 것은 사실이다.

그럼, 이후의 연구 논문도 계속해서 살펴보자.

과연 운동이 서파수면을 증가시킬까?

베이클랜드와 래스키의 연구에서 도출된 결론 가운데 먼저 신체 운동이 서파수면을 실제로 증가시키느냐의 문제를 생각해보자.

제임스 워커(James Walker) 연구팀은 꾸준히 달리기로 운동을 해온 그룹과 운동 습관이 없는 그룹으로 나누어서 두 그룹이 각각 오후에 달리기(2.4km)를 했을 때와 하지 않았을 때의 차이를 비교 분석한 논문을 1978년에 발표했다. 이 연구의 목적은 신체 운동에 따라 서파수면이 증가하는지를 과학적으로 검증하는 데 있었다. 그 결과 육안 관찰에서도 컴퓨터 분석에서도 운동으로 서파수면이 증가했다는 사실을 확인할 수 없어 '서파수면-운동 가설'은 이 실험 결과에서 부정되었다.

하지만 꾸준히 달리기로 운동을 해온 그룹의 경우, 운동 습관이 없는 그룹에 비해 운동하지 않은 날의 논렘수면 비율이 확실하게 높았다는 점에서 규칙적인 운동 습관이 수면에 바람직한 영향을 끼치는 것으로 해석되었다. 물론 워커 연구팀의 실험에서는 오후에 한 2.4km의 달리기가 신체 부담으로 작용했을지도 모르겠지만, 그렇다고 달리기가 수면에 뚜렷한 영향을 끼쳤다고 단정하기도 어려웠다.

아울러 워커 연구팀의 논문에서는 과거의 논문을 분석하는 작업도 진행했는데, 이전에 보고된 9건의 연구 논문 가운데 3건의 논문에서만 서파수면이 증가했다는 분석 결과를 얻었다고 한다. 더욱이 1988년에 발표한 존 트린더(John Trinder) 연구팀의 조사에서도 과거 문헌을 분석했을 때, 신체 운동이 직접적으로 수면 시간을 늘리고 서파수면을 증가시킨다는 사실은 과학적으로 입증하기 어려운 것으로 결론짓고 있다.

한편 기존의 개별 연구를 종합해 그 결과물을 객관적인 통계로 비교해서 거시적으로 고찰하는 메타분석 기법의 논문도 등장했다. 카를라 쿠비츠(Karla Kubitz) 연구팀이 1996년에 발표한 메타분석 결과에 따르면, 습관성 운동은 물론이고 일회성 운동도 서파수면 및 총 수면 시간을 증가시키고, 렘수면 잠복기(렘수면이 출현하기까지의 시간)와 렘수면 시간을 감소시킨다고 한다.

아래 그림은 이 논문의 내용을 간추려서 필자가 작성한 것인데, 급성(일회성) 운동과 만성(습관성) 운동으로 나누어서 수면에 끼치는 효과를 분석했다. 그림을 자세히 살펴보면, 급성 운동과 만성 운동에서 효과의 방향은 거의 일치하지만 만성 운동, 즉 규칙적인 운동 습관이 있는 사람들의 경우 중도각성이 적다는 점에서 수면이 더 안정되어 있음을 알 수 있다. 이 같은 메타분석 결과는 베이클랜드와 래스키의 연구 결과 가운데 세 번째인 규칙적인 운동 습관이 서파수면을 증가시켰을 가능성과도 일치한다.

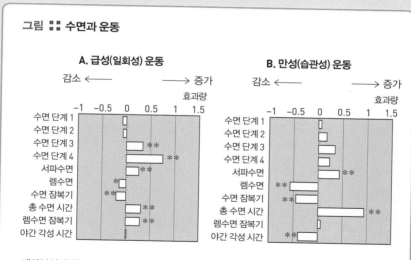

그림 ▪▪ 수면과 운동

메타분석이라는 통계 기법을 이용해서 지금까지의 연구 자료를 종합적으로 분석해보면, 급성(일회성) 운동과 만성(습관성) 운동은 모두 수면을 개선한다는 사실을 알 수 있다. 하지만 만성(습관성) 운동은 쉽게 잠들게 하고, 수면 시간을 길게 하고, 깊은 서파수면을 증가시키고, 중도각성을 감소시킨다는 더욱 강력한 효과가 있다. 따라서 수면의 질적 개선에는 규칙적인 운동 습관이 중요하다는 사실을 좀 더 강조해도 좋을 듯하다.

오늘날에는 이들 논문의 결과를 과학적으로 받아들여 습관적인 운동은 서파수면을 증가시키고 중도각성을 줄여서 수면을 안정시키고 수면 시간을 늘린다고 인정하고 있다.

지나친 신체 운동은 수면의 질을 악화시킨다

적당한 신체 운동은 수면의 질을 높이지만, 과도한 운동은 수면 개선에 도움이 되지 않는다. 즉 지나친 운동으로 몸에 부담을 주면 스트레스 반응을 일으켜 수면의 질이 떨어질 수도 있다. 이는 앞서 소개한 베이클랜드와 래스키의 연구 결과와 일맥상통하는 내용이다.

몸에 부담을 주는 지나친 신체 운동이 수면에 끼치는 영향과 관련해 하나의 연구 사례로 1994년에 발표한 헬렌 드라이버(Helen Driver) 연구팀의 논문이 있다. 연구팀은 네 가지 조건, 즉 운동을 하지 않는 조건, 15㎞ 달리기 조건, 마라톤(42.2㎞) 조건, 울트라 트라이애슬론(ultra-triathlon) 조건에 대해 동일한 실험 참여자를 대상으로 운동 후의 수면을 각각 비교했다. 그 결과 울트라 트라이애슬론 조건 이외의 세 조건에서는 수면에 큰 변화가 없었지만, 울트라 트라이애슬론 조건에서는 중도각성이 증가하고 렘수면이 감소했다는 점에서 신체 스트레스가 수면의 질을 악화시킨다는 결론에 이르렀다. 이 논문에서 제시한 울트라 트라이애슬론의 경우, 취침 직전이 아닌 낮에 과도하게 신체 운동을 하면 수면의 질을 떨어뜨릴 수 있음을 보여준 결과라고 여겨진다.

운동을 할 경우 수면 중의 신체 변화

수면 중에는 신체적인 생리 변화가 일어난다. 그중에서 심장박동수와 체온 변화를 조사한 자료가 있다. 비교적 오래된 연구로는 앞서 소개한 워커 연구팀의 실험을 꼽을 수 있는데, 이 연구팀은 운동을 했을 때의 수면 중 생리 지표는 수면 변수보다 심장박동수의 상승에 의한 변화가 더 크다는 사실을 지적하기도 했다. 최근 논문에서도 주간 운동이 수면 중의 혈압을 떨어뜨린다는 연구 결과를 찾을 수 있다[Helen Jones et al., 2009].

또 운동을 하면 야간 수면 중에 체온이 높아질 가능성도 있다. 일본 와세다대학교 스포츠과학학술원에서는 7명의 건강한 실험 참여자를 대상으로 취침 전의 고강도 운동이 수면에 미치는 영향을 조사했다[시오타 코헤이, 2008]. 그 결과 심부체온은 운동 후에 일시적으로 상승했지만, 수면 직전에는 운동하지 않았을 때와 같은 수준으로 돌아갔다가 수면 전반부에 심부체온이 다시 올라갔다.

이와 같은 결과를 종합적으로 고찰한다면 운동이 수면에 끼치는 영향은 야간 수면다원검사를 바탕으로 하는 수면 변수뿐만 아니라 신체의 생리학적 변화로 포착하는 일이 중요하다고 말할 수 있다. 아울러 신체 변화가 주관적인 수면 만족도의 향상에 이바지할 가능성이 충분히 있어 앞으로의 연구가 기대된다.

운동이 수면을 촉진하는 메커니즘

운동이 수면을 촉진하는 메커니즘과 관련해서는 다양한 가설이 있다.

먼저 신체 회복의 측면에서, 운동에 따른 신체 피로를 회복하기 위해 수면이 촉진된다는 관점이 있다[Kirstine Adam and Ian Oswald, 1983]. 심리적인 측면에서 운동이 불안감을 덜어준다는 가설도 있으며, 운동이 우울감을 개선한다는 주장도 설득력을 얻고 있다. 특히 운동의 항우울 효과와 관련해서는 최근 연구가 한창 진행되고 있고[James Gamble et al., 2008], 실제로 운동의 우울증 치료 효과를 과학적으로 입증하는 연구 논문도 속속 발표되고 있다[Benson Hoffman et al., 2011, Madhuka Trivedi et al., 2011].

또 다른 측면으로는 체온 조절이 운동의 수면 촉진 메커니즘에 관여한다는 가설[Keeping cool: a hypothesis about the mechanisms and functions of slow-wave sleep, Dennis McGinty and Ronald Szymusiak, 1990]도 있다. 수면

전에 체온이 상승하고 수면 중에 체온이 저하되는데 이 차이가 수면을 촉진한다는 이론을 토대로 '운동에서 비롯된 수면 전의 체온 상승이 수면을 촉진하는 중요한 요소'라고 주장한다. 하지만 결정적인 메커니즘은 아직 밝혀지지 않았으며, 이와 관련해 앞으로 완벽한 연구가 이어지리라 기대한다.

적당한 신체 활동이 수면을 촉진하고 불안감을 덜어주고 기분을 좋게 한다는 정신 건강의 효과가 과학적으로 널리 규명되면서 건강과학 관점에서도 운동의 중요성을 적극적으로 알리고 있다. 가벼운 운동을 규칙적으로 하는 습관은 수면의 질을 향상시킬 뿐만 아니라 신체 건강에도 크게 도움이 되니 건강 증진을 위해 규칙적인 운동은 반드시 실천했으면 한다.

건강한 수면을 위한 12가지 지침

시선 집중
close up

일본 후생노동성에서는 2001년에 〈건강한 수면을 위한 12가지 지침〉을 발표했다. 이는 실증적인 연구 조사를 토대로 한 보고서로, 발표된 지 10년이 훨씬 지난 지금도 수면의 기본 원칙으로 통하고 있다. 12가지 지침의 중요 포인트를 정리해 본다.

제1지침_ 수면의 양에 얽매이지 말자

적정 수면 시간은 개인차가 크며, 연령이나 시대에 따라서도 평균 수면 시간은 달라진다. 자신에게 필요한 수면 시간을 확보하고 아침에 일어났을 때 피로감을 크게 느끼지 않는다면 수면의 양에 얽매일 필요는 없다. 무엇보다 '몇 시간을 반드시 자야 한다'는 집착에서 벗어나자.

제2지침_ 낮잠은 오후 3시 이전에 20~30분만!

낮잠을 자면 밤에 잠을 이루지 못할 것이라고 생각해서 낮잠을 피하는 사람이 있다. 하지만 낮잠이 반드시 나쁜 것만은 아니다. 너무 늦지 않은 오후 시간에 20~30분 정도의 낮잠은 체력을 회복하고 두뇌활동을 촉진하는 긍정적인 측면이 있다. 하지만 2~3시간 정도로 낮잠을 너무 오래 자거나, 오후

늦은 시간에 낮잠을 자면 야간 수면에 나쁜 영향을 끼칠 수밖에 없다. 앞서 소개한 미국 캘리포니아대학교의 어윈 파인버그 교수의 연구실에서도 저녁 무렵에 취한 서파수면의 양만큼 그다음 날 밤의 서파수면이 줄었다는 실험 결과를 얻었다. 따라서 대체로 오후 3시 이전에 낮잠을 자두면 좋을 듯하다.

제3지침_ 충분히 잠이 올 때 침대에 눕는다

침대에 누워서 잠이 안 온다고 걱정하는 일은 바람직하지 않다. 점차 '침실=우울하고 괴로운 시간을 보내는 장소'라는 공식이 만들어져서 침대에 눕는 일 자체가 불안의 원인이 되기도 한다. 잠이 오지 않으면 차라리 자리에서 일어나 기분을 전환하는 것이 바람직하다. 자신에게 적당한 취침 시간을 찾는 일도 매우 중요하다.

제4지침_ 매일 같은 시각에 일어난다

매일 같은 시각에 일어나자

어젯밤에 못 잔 잠을 오늘 아침의 늦잠으로 보충하려는 사람들이 있다. 하지만 늦게 일어나면 수면 시간대가 점점 뒤로 밀려서 늦게 자고 늦게 일어나는 수면 문제에 빠지기 쉽다. 전날 푹 자지 못했더라도 같은 시각에 기상함으로써 규칙적인 수면 습관을 들인다.

제5지침_ 빛을 현명하게 활용한다

빛이 수면-각성 리듬에 영향을 끼친다는 사실은 앞에서 소개했다. 이른 아침에 밝은 빛을 쬐면 일찍 자고 일찍 일어나는 습관이 자리잡기 쉽고, 시차증의 경우 현지 시간에 더 빨리 적응할 수 있다. 고령자는 낮에 햇빛을 쬐면 밤에 멜라토닌이 충분히 분비된다. 반대로 늦은 밤에 밝은 빛에 노출되면 멜라토닌의 분비가 억제되거나, 수면 시간이 뒤로 밀리는 증상이 나타날 수 있다. 이런 사실을 떠올리며 건강한 수면에 빛을 적절하게 활용했으면 한다.

빛을 이용하자

제6지침_ 얕은 잠을 잘 때는 오히려 늦게 자고 일찍 일어난다

수면 클리닉에서 불면증 환자를 진료하다 보면 지나치다 싶을 정도로 침실에 오랫동안 머물러 있는 고령자를 만날 때가 있다. 예컨대, 밤 9시 이전에 자리에 누웠다가 아침 6시나 7시 즈음에 가까스로 일어나는 식이다. 9~10시간이나 꼼짝 않고 누워 있는 것이다. 이 가운데 실제 수면 시간은 기껏해야 6~7시간뿐이다. 그렇다면 침대에서 3~4시간을 불안하거나 불편한 상태로 보내는 셈이다.

이런 불편한 시간은 본인이 또렷하게 의식할 수 있으므로, 충분히 자고 있지만 잠을 못 잔다고 애써 걱정하게 된다. 따라서 침대에 누워 있는 시간을 제한하는 일도 수면의 만족도를 높이는 효과적인 방법이 될 수 있다.

제7지침_ 수면을 방해하는 물질은 피하고 긴장을 완화한다

자기 전에 커피를 마시지 않고 담배나 자극적인 음식을 피하는 일은 굳이 거론할 필요가 없을 것이다. 저녁 시간에는 적당한 온도의 물에 반신욕을 하거나 가벼운 스트레칭 등 자신만의 긴장 완화법으로 그 날의 스트레스를 충분히 해소한 후 잠자리

나만의 힐링 타임

에 들도록 한다.

제8지침_ 세끼 식사와 운동은 규칙적으로!

규칙적인 식사 습관은 규칙적인 생체리듬을 만든다. 또 꾸준한 운동 습관은 수면의 질을 향상시킨다. 다만 잠자기 직전에 고강도 운동을 하면 수면을 방해할 수 있으니 취침 전에는 운동을 피하자.

규칙적인 식사

제9지침_ 수면 전 음주는 불면의 씨앗이다

알코올이 수면에 나쁜 영향을 끼친다는 사실은 앞에서 거듭 설명했다. 특히 잠을 자려고 술을 마시는 일은 중독이 될 수 있으므로 반드시 바로잡아야 한다.

제10지침_ 수면 중 심한 코골이나 호흡 정지, 다리에 불쾌감이 느껴지면 세심히 관찰한다

수면무호흡증(☞116쪽), 수면 관련 운동장애(☞191쪽)의 증상이 보이면 수면 시간 동안의 문제를 세심히 관찰하고 전문의를 찾도록 한다.

제11지침_ 충분히 잤는데도 주간졸림이 심각할 때는 전문의의 진료를 받는다

이는 수면무호흡증이 있어 야간 수면의 질이 나쁘거나, 과다수면증의 주요 증상일 수 있으니 전문의를 찾아서 정확한 진료를 받아야 한다.

제12지침_ 수면제 복용은 반드시 의사의 처방과 지시를 따른다

수면제 복용은 환자가 판단하는 것이 아니다. 반드시 전문의의 처방에 따라서 복용법을 철저하게 지켜야 안전하게 사용할 수 있다.

적정 수면 시간

"하루에 몇 시간 정도 자는 것이 건강에 좋은가요?" 하는 질문을 자주 듣는다. 사실 이 질문에는 여러 가지 대답이 나올 수 있겠지만 '낮에 피로나 졸림을 느끼지 않을 정도의 수면 시간이라면 적당하다'가 가장 정답에 가깝지 않을까 싶다. 그렇다면 몇 시간 정도 자야 낮에 피로나 졸림을 느끼지 않을까? 이는 개인에 따라 천차만별이다.

해외 토픽에는 극단적인 장시간 수면자(long sleeper)와 단시간 수면자(short sleeper)가 가끔 소개되는데, 이처럼 '극단적'까지는 아니더라도 적게 자는 사람과 많이 자는 사람은 분명 존재한다. 일본 후쿠다 가즈히코(福田一彦) 연구팀이 1999년에 발표한 일본인의 수면 시간을 보면, 많이 자는 사람의 비율은 전체 조사 대상자 가운데 8.2%, 적게 자는 사람의 비율은 18.5%였다.

또 필요한 수면 시간은 낮의 활동량에 따라서도 달라진다. 일본 와세다대학교 스포츠과학학술원에서는 장거리 릴레이 경기인 역전 마라톤에 참가하는 와세다대학교 운동선수들의 수면을 조사한 적이 있다. 여름 합숙훈련 기간에 학생들은 매일 30~40㎞의 거리를 하루에 3번이나 연습으로 뛰었는데, 이때 평균 수면 시간은 낮잠을 포함해서 하루 10시간 가까이 되었다. 반면에 학기가 시작되면서 수업과 운동을 병행했을 때는 하루에 15~20㎞ 정도의 거리를 뛰었고, 평균 수면 시간도 7시간 전후로 줄었다. 운동선수들은 일반인에 비해 운동량이 매우 많기 때문에 이런 차이를 확실하게 관찰할 수 있는데, 낮의 활동량에 따라 필요한 수면 시간이 달라진다는 사실을 또렷이 드러내는 대표적인 사례라고 할 수 있을 것이다.

수면 시간은 계절에 따라서도 차이가 난다. 추운 겨울을 무사히 보내고 따뜻한 봄날이 찾아오면 전혀 반갑지 않은 '춘곤증'도 함께 방문한다. 사전에서 춘곤증을 찾아보면 '봄철에 나른하고 피로를 쉽게 느끼는 증상으로, 환경 변화에 몸이 적응하지 못해서 생긴다'라고 소개되어 있다. 춘곤증의 주요 증상으로 피로감과 졸림을 호소할 때가 많은데, 춘곤증까지는 아니더라도 대체로 봄이 되면 몰려드는 졸음으로 고생하는 사람들이 많은 것 같다. 반대로 여름이 되면 열대야와 함께 잠을 못 이루는 불면이 불청객으로 찾아온다. 한 에어컨 제조업체의 조사에 따르면, 주부의 여름철 수면 시간은 다른 계절에 비해 40분 이상이나 짧아진다고 한다. 일반적으로 사계절이 뚜렷한 지역에서는 기후의 영향으로 여름에는 수면 시간이 짧아지고, 가을부터 겨울에는 대체로 수면 시간이 길어진다고 알려져 있다.

일본 NHK에서 조사한 국민생활시간을 살펴보면, 수면 시간이 시대와 함께 변천했음을 알 수 있다(그림 A). 하지만 그림 A에 소개한 수면 시간은 평균 수면 시간으로, 충분한 하루 수면 시간과 일치하는 것은 물론 아니다. 조사가 시작된 1960년부터 수면 시간이 조금씩 줄어들어서 2010년에는 1시간 가까이 수면 시간이 감소했는데, 이 통계 수치를 보고 '수면 시간이 줄어도 끄떡없어'라고 생각해서는 안 된다는 뜻이다.

시대적 배경 이외에도 사회적 배경 혹은 문화적 배경에 따라 선진국의 평

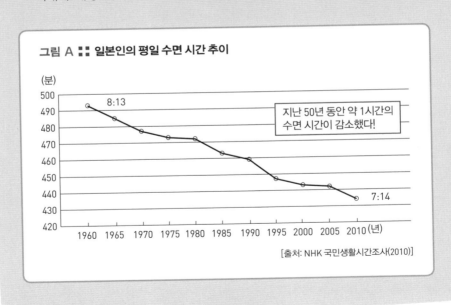

그림 A ⁚⁚ 일본인의 평일 수면 시간 추이

(분)

8:13

지난 50년 동안 약 1시간의
수면 시간이 감소했다!

7:14

[출처: NHK 국민생활시간조사(2010)]

균 수면 시간은 차이가 난다. 그림 B를 보면 일본인이나 한국인은 수면 시간
이 매우 짧다는 사실을 알 수 있다.

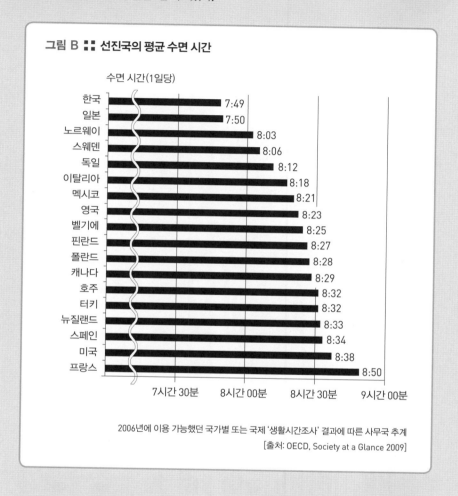

그림 B ▸ 선진국의 평균 수면 시간

수면 시간(1일당)

국가	수면 시간
한국	7:49
일본	7:50
노르웨이	8:03
스웨덴	8:06
독일	8:12
이탈리아	8:18
멕시코	8:21
영국	8:23
벨기에	8:25
핀란드	8:27
폴란드	8:28
캐나다	8:29
호주	8:32
터키	8:32
뉴질랜드	8:33
스페인	8:34
미국	8:38
프랑스	8:50

7시간 30분   8시간 00분   8시간 30분   9시간 00분

2006년에 이용 가능했던 국가별 또는 국제 '생활시간조사' 결과에 따른 사무국 추계
[출처: OECD, Society at a Glance 2009]

 **수면 실태 조사**

일본 후생노동성이 실시한 수면 실태 조사(2000년, 보건복지 동향 조사의 개황)에서도 흥미로운 결과가 나왔다. 이 자료에 등장하는 수면 관련 질문 항목은 모두 네 가지로 이를 소개하면 다음과 같다.

- 수면에 관한 문제
- 하루의 총 수면 시간과 수면을 통한 휴식 만족도

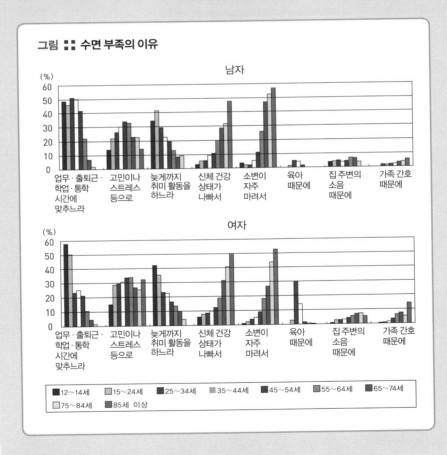

그림 :: **수면 부족의 이유**

- 수면 부족의 이유
- 충분한 수면을 위한 실천 사항

이 가운데 수면 만족도와 관련해서는 수면 시간이 6시간 미만인 경우 '수면이 다소 부족했다', 혹은 '매우 부족했다'라고 대답한 사람의 비율이 두드러지게 증가했다.

또 수면 부족의 이유를 114쪽에 소개했는데, 남녀 모두 노년기에 접어들수록 '신체 건강 상태가 나빠서', '소변이 자주 마려서' 등의 이유로 수면 부족에 빠진다는 사실을 알 수 있다.

수면장애
극복 point   **불면증**

- 수면 시간이 충분한데도 잠을 자지 못하는 상태를 통틀어서 '불면증'이라고 부른다.

- 불면증 가운데 임상 현장에서 흔히 접할 수 있는 것은 '정신생리성 불면증' 이다.

- 불면의 원인이 우울장애나 불안장애 등의 정신 질환에서 비롯된 경우도 있기 때문에 수면 전문의의 정확한 진단이 매우 중요하다.

- 정신생리성 불면증을 치료할 때는 수면제 복용과 함께 불면증의 인지행동치료를 병행하는 것이 효과가 높다.

- 꾸준히 운동을 하면 불면 증상 개선에 크게 도움이 된다.

3.2 수면 관련 호흡장애
수면무호흡증

수면 관련 호흡장애는 수면 중 저환기(hypoventilation), 즉 자는 동안에 호흡이 저하되어 생기는 질환을 통틀어 이르는 말이다. 주요 질환은 수면무호흡증이지만, 다양한 호흡기 질환에 따른 병적 상태도 수면 관련 호흡장애에 포함된다.

표 3-8에 수면 관련 호흡장애의 분류와 간단한 해설을 곁들였다. 여기에서는 수면장애 가운데 비교적 흔히 접할 수 있는 폐쇄성 수면무호흡증을 중심으로 소개한다.

표 3-8 ▪▪ 수면 관련 호흡장애의 분류(ICSD-2)

- **중추성 수면무호흡증** : 뇌의 호흡중추장애로 수면 중에 무호흡이 생기는 질환

- **폐쇄성 수면무호흡증** : 기도가 막혀서 수면 중에 무호흡이 생기는 질환

- **수면 관련 저환기/저산소혈증 증후군** : 정형외과 질환이나 비만으로 수면 중에 호흡 저하가 생기는 질환

- **신체 질환에서 비롯된 수면 관련 저환기/저산소혈증** : 대체로 내과적 질환으로 인해 수면 중에 저호흡이나 저산소 상태가 나타나는 질환

- **기타 수면 관련 호흡장애** : 위에 포함되지 않은 수면 관련 호흡 문제

수면무호흡증

수면무호흡증(SAS; Sleep Apnea Syndrome)은 문진을 통한 증상과 코골이, 가족의 무호흡 목격 등을 통해 진료의 윤곽을 잡고 최종적으로는 수면다원검사(☞56쪽)를 실시해서 정확하게 진단한다.

'무호흡'이란 수면다원검사에서 '호흡이 10초 이상 정지하는 상태'를 일컫는다. '저호흡'은 수면다원검사 및 혈액 산소포화도를 연속 측정했을 때 '호흡 곡선의 진폭이 절반 이하 혹은 혈중 산소포화도(SpO_2)가 3% 이상 저하되는 상황이 10초 이상 이어지는 상태'라고 규정하고 있다.

한편 '무호흡·저호흡 지수(AHI; Apnea·Hypopnea Index)'는 잠자는 동안 무호흡과 저호흡이 1시간당 몇 번 일어났는지를 나타낸 수치로, 수면무호흡증의 정도를 나타내는 중요한 지표가 되고 있다(표 3-9).

수면무호흡증의 진단에 쓰이는 표준형 검사로는 병원에서 하룻밤 잠을 자면서 수면의 전 과정을 관찰하는 '야간 수면다원검사'를 꼽을 수 있다. 앞서 소개했듯이 수면다원검사는 수면 검사의 표준으로, 환자의 수면을 가장 정확하게 평가할 수 있지만 시간과 비용이 든다는 단점이 있다. 최근에는 '간이 수면무호흡검사(이동형)' 장치도 도입되고 있는데, 그림 3-4에 소개했듯이 소형 측정 장치를 이용한 이동형 검사는 가정에서 잠을 자는 동안 몇 가지 센서를 이용해서 수면을 관찰하기 때문에 편리하다. 하지만 표준 수면다원검사에 비

표 3-9 :: 무호흡-저호흡 지수(AHI)*에 따른 중증도의 분류

- **AHI 5 미만** : 정상
- **AHI 5 이상~15 미만** : 경도 무호흡증, ICSD-2의 수면무호흡증 진단 기준(자각 · 타각 증상 있음)
- **AHI 15 이상~30 이상** : 중등도 무호흡증, ICSD-2의 수면무호흡증 진단 기준(자각 · 타각 증상 있음)
- **AHI 30 초과** : 중증 무호흡증

* 수면 1시간 동안 나타나는 무호흡과 저호흡의 평균 횟수(한국 기준)

그림 3-4 :: 이동형 수면무호흡검사 장치

A.

B.

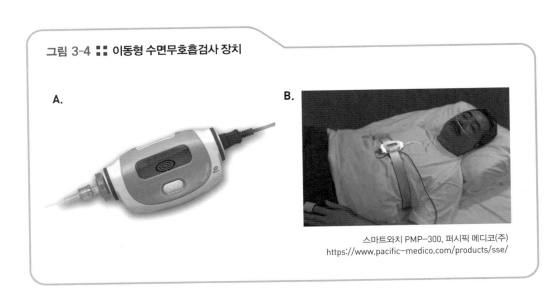

스마트와치 PMP-300, 퍼시픽 메디코(주)
https://www.pacific-medico.com/products/sse/

해 정확도가 많이 떨어지기 때문에 무호흡·저호흡 지수의 적용 기준이 훨씬 엄격하다는 측면이 있다.

수면무호흡증의 진단

수면 클리닉에서는 수면다원검사를 시행하기 전에 먼저 문진과 엡워스 주간졸림척도(표 3-10)를 이용해서 환자의 증상을 일차적으로 확인한다. 수면무호흡증의 주된 증상은 120쪽 표 3-11에 정리해두었다.

수면무호흡증 환자들이 흔히 호소하는 증상은 주간졸림이다. 또 '야간 수

::: 자다가 숨이 멈췄다!

표 3-10 :: 엡워스 주간졸림척도(ESS)

아래와 같은 상황에서 어느 정도 졸림(몇 초에서 몇 분 동안 깜빡 졸았다)을 느끼시나요?
최근 일상생활의 모습을 떠올리면서 대답해주세요.

아래 상황을 실제로 경험하지 못했더라도 해당 상황이 되면 어떻게
될지를 예상하면서 대답해주세요(각 항목에서 〇는 하나만 표시).

모든 항목에 대답하는 것이 중요합니다.

되도록 모든 항목에 대답해주세요.

	졸음 가능성이 거의 없다	졸음 가능성이 조금 있다	졸음 가능성이 반쯤 있다	졸음 가능성이 높다
1. 앉아서 뭔가를 읽을 때(신문, 잡지, 책, 서류 등)　→	0	1	2	3
2. TV를 볼 때　→	0	1	2	3
3. 회의실, 영화관 등의 공공장소에서 가만히 앉아 있을 때　→	0	1	2	3
4. 1시간 정도 버스나 지하철을 타고 있을 때　→	0	1	2	3
5. 오후에 누워서 휴식할 때　→	0	1	2	3
6. 앉아서 누군가와 대화를 나눌 때　→	0	1	2	3
7. 점심식사 후(음주하지 않음) 조용히 앉아 있을 때　→	0	1	2	3
8. 차를 운전하고 가다가 교통체증으로 몇 분간 멈춰 있을 때　→	0	1	2	3

Copyright Murray W. Johns and Shunichi Fukuhara, 2006.

▶ 각 항목의 합계 점수로 졸림의 정도를 측정한다.　　합계 [＿＿＿] 점

　11점 이상 : 주간졸림 있음

　16점 이상 : 중증

[출처: 〈일본어판 엡워스(JESS)~지금까지 사용된 여러 일본어판과의 주된 차이점 및 개정(日本語版 the Epworth Sleepiness Scale(JESS)~これまで使用されていた多くの「日本語版」との主な差異と改訂)〉(일본호흡기학회지 2006 년 44권 11호(896−898)]

＊옮긴이 한마디! :
위의 출처는 학회지에 소개된 내용이므로 복수의 저자 대신, 논문 제목과 학회지 발행일, 인용 쪽수를 밝혀두었습니다.
아울러 관련 내용을 링크하니 참고하시길 바랍니다.
http://journal.kyorin.co.jp/journal/ajrs/detail.php?−DB=jrs&−recid=14411&−action=browse]

상업 목적 또는 정부기관에서 ESS 일본어판을 사용할 때는 저작권자의 허가를 받아야 합니다. 자세한 내용은 링크를 참
고해주세요. http://www.i−hope.jp

표 3-11 ▪▪ 수면무호흡증의 증상

각성 시의 증상	• 아침에 일어날 때 머리가 무겁고 두통이나 목의 통증이 있다.
	• 주간졸림, 피로감, 집중력 저하 증상이 있다.
	• 성욕 저하, 발기부전이 있다.
	• 기분 저하, 우울감을 느낀다.
수면 시의 증상	• 코골이와 무호흡 증상이 있다.
	• 중도각성이 있다.
	• 자다가 일어나 소변을 보는 일이 잦다.

면 도중 숨이 멈췄다'는 가족의 이야기를 듣고 내원하는 환자도 최근 눈에 띄게 늘어났다. 반면에 "잠자는 동안 숨쉬기가 너무 힘들었어요!" 하며 자신의 증상을 자각하는 환자는 정작 수면무호흡증 환자가 아닐지도 모른다. 이유인즉, 대체로 잠자는 도중에 일어나는 수면 문제의 경우 환자 본인은 거의 느끼지 못하기 때문이다.

임상 현장에서 보면 수면무호흡증으로 진단받는 사례가 급증하고 있다. 미국의 한 조사에서는 무호흡·저호흡 지수가 5회 이상인 비율이 남성은 57.6%, 여성은 36.1%였다[Sleep Heart Health Study, Carol Baldwin et al., 2004].

또 일본에서 실시한 조사에서는 무호흡·저호흡 지수가 5회 이상인 사람의 비율이 59.7%였다[Yukiyo Nakayama-Ashida et al., 2008]. 이처럼 예전에 비해 수면무호흡증 환자의 비율이 높아진 것은 검사법이 발달한 것도 하나의 요인이라고 여겨진다.

중추성과 폐쇄성의 구별

무호흡의 유형은 중추성 수면무호흡증(CSA; Central Sleep Apnea)과 폐쇄성 수면무호흡증(OSA; Obstructive Sleep Apnea)으로 크게 나뉘는데, 수면다원검사 결과 코 호흡의 흐름, 가슴과 배의 호흡 노력 운동으로 중추성과 폐쇄성을 구별할 수 있다(그림 3-5).

　폐쇄성 수면무호흡증은 좁아진 인두(소화기 계통에서는 입과 식도 사이의 음식을 전달하는 경로이고, 호흡기 계통에서는 코와 목 사이의 공기가 지나가는 길)를 공기가 억지로 지나가면서 내는 마찰음의 영향으로 큰 소리(코골이)를 내게 되고, 공기 흐름이 완전히 막히면 무호흡, 즉 호흡 정지가 일어나게 된다. 수면다원검사에서 호흡이 정지했을 때는 코로 공기 흐름이 통과하지 않기 때문에 호흡 기류가 변화 없는 상태가 된다. 하지만 가슴에서는 호흡을 하려고 힘이 들어가기 때문에 호흡 노력 운동의 척도가 되는 가슴과 배의 움직임이 감지된다.

　한편 중추성 수면무호흡증은 뇌의 호흡 중추에서 일시적으로 호흡 명령이 끊어지기 때문에 호흡 활동이 멈추는 경우다. 따라서 호흡과 관련 지표가 모두 멈춰버려서 코로의 공기 흐름도 가슴과 배의 움직임도 전혀 없는 상태가 된다.

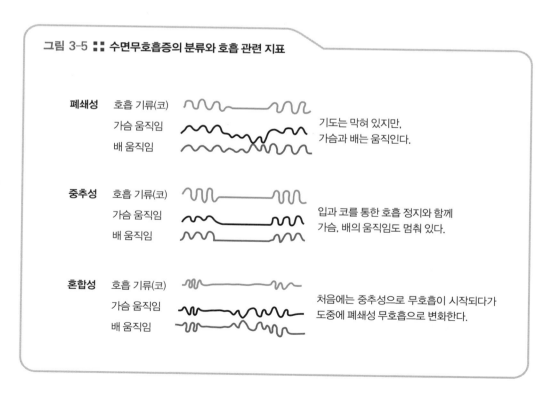

그림 3-5 ▪▪ 수면무호흡증의 분류와 호흡 관련 지표

폐쇄성　호흡 기류(코)
　　　　가슴 움직임
　　　　배 움직임

기도는 막혀 있지만,
가슴과 배는 움직인다.

중추성　호흡 기류(코)
　　　　가슴 움직임
　　　　배 움직임

입과 코를 통한 호흡 정지와 함께
가슴, 배의 움직임도 멈춰 있다.

혼합성　호흡 기류(코)
　　　　가슴 움직임
　　　　배 움직임

처음에는 중추성으로 무호흡이 시작되다가
도중에 폐쇄성 무호흡으로 변화한다.

중추성과 폐쇄성 이외에 처음에는 중추성 무호흡을 보이다가 나중에 폐쇄성이 되는 혼합성 무호흡 유형도 있다.

폐쇄성 수면무호흡증

원인

폐쇄성 수면무호흡증은 모든 연령대에서 나타나고 그 원인도 다양하다. 후천적 영향으로는 비만과 고령이 꼽힌다. 최근 수면무호흡증이 급증하는 데는 비만 인구의 증가와도 밀접한 관련이 있는 것으로 여겨진다.

턱에서 인두에 걸친 신체 구조의 특징으로 무호흡이 발생할 때도 있다. 비교적 턱이 작은 사람이나 아래턱이 뒤로 들어가 있는 사람은 혀가 뒤로 밀리면서 기도를 막아 폐쇄성 수면무호흡증을 유발하기 쉽다. 아동의 경우 편도비대가 무호흡증의 원인이 되기도 한다.

또한 알코올은 근육을 이완시키기 때문에 과음한 뒤에는 코골이나 무호흡 증상이 더 심해진다. 거의 매일 술을 마시는 알코올의존증 환자의 경우 야간 수면에서 심각한 무호흡이 발생할 때가 많다. 알코올뿐만 아니라 벤조다이아제핀 계열의 수면제 가운데 근육 이완 작용이 강력한 약물은 무호흡을 일으키는 위험 인자다. 폐쇄성 수면무호흡증 환자는 대체로 얕은 잠을 자기 때문에 푹 자기 위해서 수면제를 복용하기도 하는데, 이때는 무호흡이 악화되어 수면의 질이 더욱 떨어질 수 있다.

치료

● 구강 내 장치

무호흡·저호흡 지수가 높거나 주간졸림이 심할 때는 수면무호흡증의 적절

표 3-12 :: 성인 폐쇄성 수면무호흡증의 진단 기준(ICSD-2)

A, B, D를 동시에 충족시키거나 C와 D가 동시에 기준을 만족시킨다.

A. 아래 가운데 적어도 1가지 이상은 해당된다.
  ⅰ) 환자가 각성 상태에서 의도하지 않은 잠에 들거나 주간졸림, 개운하지 못한 수면, 피로감, 또는 불면을 호소
  ⅱ) 환자가 호흡 정지나 숨을 가쁘게 몰아쉬거나 숨 막힘 증상으로 수면 도중 각성
  ⅲ) 환자의 심각한 코골이, 호흡 중단, 또는 이 두 가지 모두가 나타난다고 환자의 가족이 보고

B. 수면다원검사 기록에서 다음과 같은 소견이 인정된다.
  ⅰ) 수면 1시간당 5회 이상의 호흡 사건이 있을 때(무호흡, 저호흡 또는 호흡 노력 관련 각성(RERA))
  ⅱ) 각 호흡 사건의 전체 혹은 일부 기간 중 호흡 노력의 증거가 있을 때(호흡 노력 관련 각성(RERA)은 식도압력검사를 확인하는 것이 가장 바람직하다.)

또는

C. 수면다원검사 기록에서 다음과 같은 소견이 인정된다.
  ⅰ) 수면 1시간당 15회 이상의 호흡 사건이 있을 때(무호흡, 저호흡, 또는 호흡 노력 관련 각성)
  ⅱ) 각 호흡 사건의 전체 혹은 일부 기간 중 호흡 노력의 증거가 있을 때(호흡 노력 관련 각성은 식도압력검사를 확인하는 것이 가장 바람직하다.)

D. 이 수면 문제는 다른 수면장애, 신체 질환 또는 신경 질환, 약물 사용이나 물질 사용 장애로 설명되지 않는다.

한 치료가 필요하다. 비만인 경우에는 체중을 감량해야 한다. 체중을 줄이는 것만으로도 무호흡 증상이 한결 개선되는 사례도 있다. 잠자는 자세도 중요하다. 바로 누워서 자기보다 옆으로 누워서 자는 쪽이 기도 폐쇄가 일어나기 어렵기 때문에 폐쇄성 수면무호흡증 환자에게는 권장하고 있다.

알코올이나 수면제는 근육을 이완시켜 무호흡을 악화시키니 피하고, 담배는 기도 염증을 유발하는 원인이 될 수 있으므로 삼가는 쪽이 바람직하다. 또 비염 등으로 코가 막혔을 때는 무호흡 증상이 더 나빠지기 때문에 관련 질환을 반드시 치료해야 한다. 아래턱을 앞쪽으로 이동시켜 기도를 열고 공기 통로를 확보하는 '구강 내 장치'도 폐쇄성 수면무호흡증의 치료에 이용된다(124쪽 그림 3-6).

그림 3-6 :: 구강 내 장치

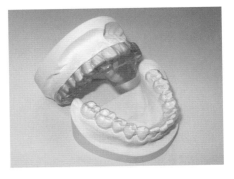

무호흡의 증상 개선에 도움이 되는 구강 내 장치. 마우스피스(mouthpiece)처럼 생긴 기구를 잠잘 때 착용한다. 아래턱을 앞으로 당김으로써 혀가 목 뒤로 처지는 것을 방지하고, 그만큼 공기 통로를 확보할 수 있어서 호흡하기가 한결 수월해진다.

[사진 제공: 히라사와 기념병원]

● **지속적 상기도 양압술**

지속적 상기도 양압술(CPAP; Continuous Positive Airway Pressure)은 기구 치료 가운데 장치를 이용해서 일정한 양압(플러스 압력)을 공급함으로써 상기도 내압을 지속적으로 양압 상태로 유지하는 것을 말한다. 흔히 '양압기'라고 부

그림 3-7 :: 양압기를 장착한 모습

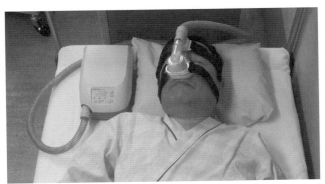

[사진 제공: 히라사와 기념병원]

124

그림 3-8 ▪▪ 지속적 상기도 양압술의 작동 방식

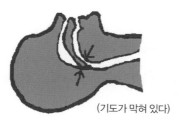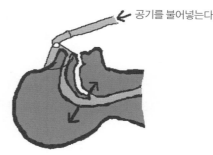

공기를 불어넣는다

(기도가 막혀 있다)

수면 시 기도 폐쇄 상태

양압기가 막힌 기도를 확보한다.

르는 이 장치는 그림 3-7에 소개했듯이, 코 마스크를 이용해서 공기를 불어넣고 그 압력으로 기도를 확보한다(그림 3-8). 양압기 치료는 매일 밤 코에 마스크를 착용하고 잠을 자야 하기 때문에 굉장히 불편해 보이겠지만 효과가 뛰어나 상쾌하게 기상할 수 있다는 점에서 중증 환자의 경우 양압기 착용에 비교적 쉽게 적응한다. 반면에 주간졸림이나 기상 시 두통 등의 자각 증상이 없는 환자의 경우 양압기 사용을 번거로워하는 사례도 있다.

한편 기도를 확보하기 위한 수술을 시행할 때도 있다. 수술 치료와 관련해서는 이비인후과의 수면 전문의와 충분히 상담한 후에 치료를 결정해야 한다.

중추성 수면무호흡증

원발성 중추성 수면무호흡증

'원발성 중추성 수면무호흡증'은 원인 불명의 희귀 질환으로, 폐쇄성 수면무

표 3-13 :: 원발성 중추성 수면무호흡의 진단 기준(ICSD-2)

A. 환자가 아래 증상 가운데 적어도 한 가지를 호소한다.

　ⅰ) 심각한 주간졸림

　ⅱ) 수면 중 빈번한 중도각성과 완전각성, 또는 불면 호소

　ⅲ) 호흡 곤란으로 완전각성

B. 수면다원검사에서 수면 1시간당 5회 이상의 중추성 무호흡이 관찰된다.

C. 이 수면 문제는 다른 수면장애, 신체 질환 또는 신경 질환, 약물 사용이나 물질 사용 장애로 설명되지 않는다.

호흡증의 원인이 없음에도 불구하고 수면 도중에 중추성(뇌가 호흡 명령을 내리는 일)이 멈춰버리는 수면무호흡을 되풀이하는 수면장애다(표 3-13).

체인스토크스 호흡 유형에서 비롯된 중추성 수면무호흡증

체인스토크스 호흡(Cheyne-Stokes breathing)이란 주로 호흡기내과에서 사용되는 명칭으로, 깊고 빠른 호흡과 무호흡이 번갈아 나타나는 이상 호흡을 말한다.

좀 더 구체적으로 소개하면, 처음에 얕고 빠른 호흡을 하다가 점차 1회 호흡량이 늘어나면서 깊고 완만한 호흡으로 변하고, 다시 조금씩 호흡이 얕아지다가 호흡이 정지한다. 이 호흡 정지가 몇 초에서 수십 초 동안 계속되다가 얕고 빠른 호흡이 재개되고, 위와 같은 변화가 30초에서 2분 정도의 주기로 되풀이되는 것이 체인스토크스 호흡의 특징이다(그림 3-9). 이런 병태는 중추신경계의 이상, 울혈성 심장 기능 상실, 중증 신장 질환, 폐렴, 전신 마비, 실신, 혼수상태 등에서 볼 수 있다.

수면 중 체인스토크스 호흡은 논렘수면에서 주로 관찰된다고 알려져 있다. 대부분은 울혈성 심장 기능 상실, 중증 뇌혈관 질환, 중증 신장 질환 환자의 수면 중에 나타나며, 임종 직전에 관찰될 때도 많다.

그림 3-9 :: 체인스토크스 호흡

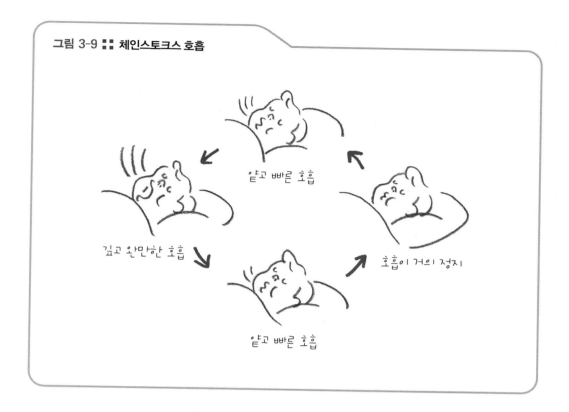

체인스토크스 호흡의 메커니즘은 동맥 내 이산화탄소 농도를 감지하는 화학수용체가 이산화탄소 분압($PaCO_2$)의 상승을 감지하면 숨뇌(연수)의 호흡 중추로 자극이 전달되어 호흡량이 증가한다. 이것이 얕은 호흡에서 깊은 호흡으로 바뀌는 과정이다. 또 깊은 호흡이 이어지면 이번에는 이산화탄소 분압이 감소하고, 화학수용체의 신호는 줄어들고, 숨뇌의 호흡 중추 활동이 미비해진다. 이것이 얕은 호흡으로 변화하는 과정이다. 이런 주기성 호흡의 반복 상태를 체인스토크스 호흡이라고 한다.

고지대 주기성 호흡

고도가 높아질수록 중추성 무호흡이 발생하기 쉬운데, 그 메커니즘을 소개하면 다음과 같다. 공기가 희박한 고지대에서는 산소 분압(PaO_2)과 이산화탄소 분압이 모두 낮아지는데, 우리 몸에는 수면 중 특히 논렘수면 단계에서 호흡을 통해 이산화탄소가 몸 밖으로 배출됨으로써 호흡이 충분히 이루어지고 있다고 감지하는 시스템이 존재한다. 요컨대 체인스토크스 호흡에서 설명했듯이, 이산화탄소 분압이 감소하고 화학수용체의 신호는 줄어들고 숨뇌의 호흡 중추 활동이 약해진다는 것이다. 이렇게 해서 무호흡이 발생한다. 무호흡이 계속되면 산소 농도가 떨어지고 결과적으로 호흡 중추가 자극을 받아서 다시 호흡이 재개된다.

이와 같은 중추성 무호흡은 해발고도 2000m 정도에서도 나타날 수 있다. 저산소 수면과 관련된 일본의 공동 연구에서는 1500m 정도의 준고지대에서도 중추성 무호흡이 관찰될 때가 있었다[호시카와 마사코, 2010]. 반면에 2000m 정도의 고지대라도 중추성 무호흡이 나타나지 않는 사람도 있다. 해발고도 3000m 이상이 되면 많은 사람들이 중추성 무호흡을 경험하게 되고, 해발고도 5000m 이상의 고지대에서는 중추성 무호흡이 주기적으로 나타난다. 이처럼 5000m 이상의 고지대에 올랐을 때 수면 중에 관찰되는 호흡 증가와 호흡 감소의 주기적인 변화를 '고지대 주기성 호흡'이라고 한다.

 **고지대 주기성 호흡에 대비한 다양한 서비스**

'고산병'이라는 말을 들어봤을 것이다. 고산병은 해발고도 3000m 이상의 높은 산에 올라갔을 때 저산소 때문에 생기는 병적 증세로 두통, 구토, 식욕 부진, 부종, 가슴 압박감 등 다양한 증상이 나타난다. 이 가운데 수면의학 관점에서 주목할 만한 증상으로 수면장애가 있다.

아래 그림에 소개된 여행사 홈페이지의 안내문을 살펴보자. 에베레스트

근처의 고급 호텔 소개글인데, 고지대 호텔인 만큼 '가모 백(gamow bag), 산소 구비'라는 서비스가 돋보인다. 가모 백은 고산병 치료에 쓰이는 휴대용 장치로, 미국 콜로라도대학교의 이고르 가모(Igor Gamow) 박사의 발명품이다. 크고 길쭉한 풍선 주머니처럼 생긴 가모 백 안에 환자가 들어가면 밸브에 연결된 펌프를 작동시켜 산소 분압을 높여줌으로써 고산병을 치유하는 일종의 간이 산소방이다.

그림 :: 고산지대의 호텔 홈페이지

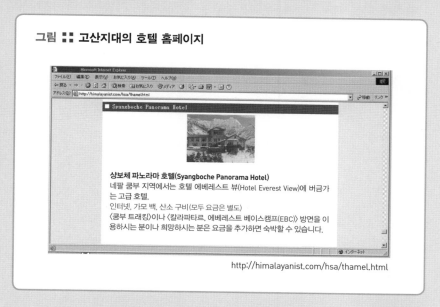

http://himalayanist.com/hsa/thamel.html

허파꽈리의 특발성 수면 관련 비폐쇄성 저환기

허파꽈리의 특발성 수면 관련 비폐쇄성 저환기는 '수면 관련 저환기/저산소 혈증 증후군'에 속하는 질환으로, 무호흡은 나타나지 않지만 잠자는 동안 1회 호흡량이 저하되면서 혈중 산소 농도가 낮아지는 상태를 말한다. 이처럼 무호흡 허파꽈리 저환기가 나타나는 이유는 허파에 이상이 없음에도 불구하고 정형외과 혹은 해부학적으로 이상이 생겨서 수면 중에 호흡을 통해 허파가 충분히 확장하지 못하기 때문이다. 정형외과적인 원인으로는 척추측만증이나 척추후만증에서 비롯된 수면 중 허파 용량의 감소를 꼽을 수 있다.

또 한 가지 중요한 원인은 비만이다. 심한 비만으로 인해 허파가 압박을 받으면 수면 중에 허파가 충분히 확장하지 못해서 호흡 저하에 빠진다. 이는 인두 폐쇄에 따른 폐쇄성 수면무호흡증과는 전혀 다른 질환이지만, 폐쇄성과 비슷한 증상을 보인다.

옛이야기, 신화에 등장하는 수면무호흡증: 픽윅 증후군, 온딘의 저주

신화나 옛이야기에 등장하는 주인공은 다양한 분야에 인용된다. 오이디푸스 콤플렉스(Oedipus complex)와 엘렉트라 콤플렉스(Electra complex)가 대표적이다. 마찬가지로 수면의학 교과서에서 그 주인공을 찾아보면, 앞서 소개한 무호흡과 관련해서는 '픽윅 증후군(Pickwickian syndrome)'과 '온딘의 저주(Ondine's curse)'를 꼽을 수 있다.

그런데 캘리포니아대학교 샌프란시스코 캠퍼스의 교수였던 줄리어스 컴로(Julius Comroe, 1911~1984)가 미국흉부의학회의 학회지인 〈미국 호흡기 질환의 리뷰(American Review of Respiratory Disease)〉에 기고한 논문을 살펴보면, 이 두 가지의 명명이 원전에 충실하지 않았음을 알 수 있다[American Review of Respiratory Disease, Vol. 111, 1975]. 관련 내용이 흥미로워서 잠시 소개한다.

● 픽윅 증후군

'픽윅 증후군'의 명칭은 1956년에 버웰(Burwell)이라는 의사가 수면무호흡증(SAS)의 별칭으로 처음 사용한 것 같다. 픽윅이라는 이름은 영국의 소설가인 찰스 디킨스(Charles Dickens, 1812~1870)가 1837년에 출간한 《픽윅 문서(The Posthumous Papers of the Pickwick Club)》라는 소설에서 유래한다. 이 소설에 나오는 '조(Joe)'라

는 인물이 매우 뚱뚱한 체형에 벌겋게 달아오른 얼굴로 낮에도 항상 코를 골고 곯아 떨어져 있었다는 묘사에서 비만, 과다수면, 저환기, 안면 다혈증을 특징으로 하는 복합 질환을 보여 '픽윅 증후군'이라는 이름을 붙였다고 한다.

한편 앞서 소개한 줄리어스 컴로의 논문은 다음의 사실을 예리하게 지적했다. 먼저 조라는 인물은 픽윅 클럽의 회원이 아니기 때문에 픽윅 클럽 회원을 뜻하는 'pickwickian'이라는 단어를 병명으로 사용한 것은 모순된다는 점, 또 《픽윅 문서》라는 소설 어디에도 조가 무호흡을 앓았다는 기술은 전혀 보이지 않는다는 사실이다.

하지만 필자의 추측으로는 만약 '픽윅 증후군'이 아닌 '조 증후군'이라고 명명했다면 너무 평범한 명칭이라서 많은 사람들의 뇌리에 깊이 새겨지지 않았을지도 모른다. 같은 맥락에서 픽윅이라는 색다른 이름을 붙여줌으로써 주목을 끌 수 있지 않았을까? 만약 이것이 사실이라면 명명자인 버웰의 아이디어에 박수를 보내야 할 듯하다.

● **온딘의 저주**

'온딘의 저주'의 정식 명칭은 '허파꽈리의 선천성 중추성 저환기 증후군'으로, 대체로 태어날 때부터 수면 중에 자발적인 호흡이 불가능한 상태를 말한다. 생명과 연관된 심각한 질환이다. 신생아와 마찬가지로 깨어 있는 동안에는 의식적으로 호흡이 가능하지만 일단 잠들면 자율신경계의 호흡 중추가 제대로 작동하지 않아 호흡이 얕아지는, 혹은 무호흡이 되는 증상은 아주 드물지만 성인 특히 고령자에게도 나타날 수 있다. 이처럼 수면 중 호흡이 멎는 증상은 호흡 중추나 혈중 이산화탄소량을 감지하는 화학수용체에서 이루어지는 정보 전달 체계가 손상되어 나타나는 것으로 알려져 있다.

'온딘'은 독일 전설에 나오는 물의 요정 '운디네(Undine)'를 말하며, 온딘을 배신한 남자에게 내려진, 매일 밤 잠이 들면 숨 쉬는 것을 잊고 다시는 깨어날 수 없을 것이라는 저주에서 '온딘의 저주'라는 이름이 붙여졌다. 하지만 실제로 이 선천성 유전 질환을 가진 아기와 그 가족의 마음을 헤아린다면 '온딘의 저주'는 그다지 바람직한 명칭이라고 할 수 없을 것이다.

한편 앞서 소개한 줄리어스 컴로 논문의 관점은 좀 더 문학적이다. 먼저 온딘 이야기의 줄거리를 살펴보면 온딘의 전설은 우리에게 친숙한 인어공주 이야기와 비슷한 흐름으로 진행되는데, 이런 물의 요정 혹은 인어 공주가 등장하는 전설은 유럽 각국에 다양한 형태로 변형되어 전해 내려오고 있다.

가장 오래된 온딘의 전설을 보면, 온딘은 육지의 남자를 사랑하지만, 남자에게 버림받으면 다리가 없어지고 인어의 모습으로 돌아가서 이후 300년 동안은 바다 밑에서 절대 나올 수 없게 될 것이라는 슬픈 이야기가 대강의 줄거리다. 이는 덴마크의 동화 작가인 한스 안데르센(Hans Andersen, 1805~1875)이 1837년에 발표한 《인어 공주》에서 버림을 받은 후 그 남자를 죽이느냐, 스스로 물거품이 되느냐의 갈림길에 서게 된다는 결말로 변형되었다.

반면에 프랑스의 극작가이자 소설가인 장 지로두(Jean Giraudoux, 1882~1944)가

1939년에 발표한 《온딘(Ondine)》이라는 희곡에서는 물의 요정 온딘을 버린 남자에게 '잠들면 숨 쉬는 것을 잊게 될 것'이라는 무시무시한 주문이 내려지는 것으로 줄거리가 바뀌었다. 하지만 이는 온딘이 내린 저주가 아니라 온딘의 아버지인 바다의 왕이 내린 것이다.

줄리어스 컴로는 논문에서 이와 같은 사실을 예리하게 지적하며 '온딘의 저주'라는 말 자체가 잘못되었다고 꼬집는다. 게다가 이 저주 내용은 깨어 있지 않으면 호흡할 수 없을 뿐만 아니라 의식적으로 보려고 노력하지 않으면 아무것도 볼 수 없고, 의식적으로 들으려고 하지 않으면 아무것도 들을 수 없다. 요컨대 온딘 이야기에 나오는 주문의 경우, 조금이라도 긴장을 푸는 순간 호흡이 멈추고 아무것도 할 수 없게 되는 신체 기능 저하를 포함하는 셈이다.

필자도 온딘의 이야기를 원전으로 읽어보지는 못했지만, 줄리어스 컴로는 자신의 논문에서 적어도 명명자라면 원전을 꼼꼼히 읽어보고 신중하게 결정해야 한다는 점을 강조하고 있다.

덧붙이자면 '온딘의 저주'라는 명칭은 부정적인 의미를 동반하기 때문에 ICSD-2에서는 '병명으로 사용을 권장하지 않는다'고 명시되어 있다.

수면 관련 호흡장애
수면무호흡증

- 폐쇄성 수면무호흡증은 수면 관련 호흡장애 중에서 가장 흔히 볼 수 있는 질환이다.

- 수면 1시간 동안 나타나는 무호흡과 저호흡의 평균 횟수를 '무호흡·저호흡 지수(AHI)'라고 부르고 무호흡·저호흡 지수에 따라 수면무호흡증의 중증도를 분류한다.

- 무호흡·저호흡 지수가 5회 이상이면 경도, 15회 이상이면 중등도, 30회 이상이면 중증 수면무호흡증으로 본다.

- 폐쇄성 수면무호흡증의 치료법으로는 체중 감량, 구강 내 장치, 지속적 상기도 양압술, 수술 치료 등이 시행되고 있다.

- 중추성 수면무호흡증은 호흡 중추의 기능 이상으로 무호흡이 생기는 질환이다. 특히 해발고도 3000m 이상의 고지대에서는 중추성 무호흡이 일어나기 쉽다.

- 고지대로 여행을 갈 예정이라면 가모 백과 산소 서비스가 가능한지 꼭 확인하자!

3.3 중추성 과다수면증
기면병, 과다수면증, 수면부족증후군

기면병

증상

기면병은 나르콜렙시(narcolepsy)라고도 부른다. narco는 라틴어로 '수면'을, lepsy는 '발작'을 뜻하며, 참을 수 없는 졸음이 갑자기 몰려드는 수면발작이 주된 증상인 수면장애를 말한다. 수면장애 가운데 한창 연구가 진행 중인 질환이기도 하다. 수면발작 이외에도 입면환각, 수면마비, 탈력발작이 주요 증상이다.

기면병의 발병률은 10대부터 30대 초반까지가 가장 높고, 대략 2000명 중 1명꼴로 나타난다. 남녀 비율을 보면 남성이 약간 더 많다는 통계 결과도 있다.

기면병의 증상을 하나씩 살펴보자.

● 수면발작

수면발작(sleep attack)은 단순히 졸림을 느끼는 정도에서 그치지 않는다. 따분한 수업 중에 졸리거나, 회의 도중에 지루한 대화가 오가는 가운데 깜박 조는 것은 지극히 자연스러운 일이다. 이렇듯 졸릴 만한 상황에서 잠에 빠지는 것이 아니라, 상식적으로 졸음과는 무관한 장면에서 참을 수 없이 졸린 증상을 수면발작이라고 한다.

수면발작은 기면병의 진단에서 매우 중요하다. 심한 경우 식사를 하다가 잠에 빠지고, 직장 상사에게 호된 질책을 들으면서 갑자기 잠들어버릴 때도 있다. 한숨 자고 난 후에 개운해지는 것도 기면병의 주요 특징이다.

● **입면환각**

입면환각(hypnogogic hallucination)은 수면이 시작될 때 환각, 특히 생생한 환시를 체험하는 증상이다. 보통 꿈은 렘수면에서 볼 수 있는 것으로 알려져 있다. 렘수면은 잠들고 나서 90분 정도 경과한 시점에서 나타나기 때문에 잠이 들자마자 꿈을 꾸는 일은 성인의 정상 수면이라고 볼 수 없다. 그런데 기면병 환자의 경우, 입면과 함께 곧바로 렘수면이 나타난다. 실제로 수면다원검사를 해보면 기면병 환자는 수면 개시부터 렘수면이 관찰되는데, 이를 '입면기 렘수면(SOREMP; Sleep Onset REM Period)'이라고 부른다.

입면환각은 대개 공포와 두려움을 동반하는데, 목이 졸리거나 거인에게 짓눌리는 등 기괴한 장면을 경험하는 환자도 있다.

● **수면마비**

렘수면 단계에서는 근육이 거의 활동하지 않아 근전도가 매우 낮게 나타난다. 잠이 들자마자 렘수면이 나타나는 기면병의 경우 입면기에 뇌가 충분히 활동하고 있음에도 불구하고 렘수면의 영향으로 근육이 이완되어서 마음대로 몸을 움직이지 못하는 상태를 종종 경험하게 된다. 이처럼 의식은 깨어 있지만 의지대로 몸을 움직일 수 없는 일시적인 마비 현상을 수면마비(sleep paralysis)라고 한다. 수면마비는 처음 경험할 때 가장 무섭게 느껴지는데, 전철에서 깜빡 조는 동안 수면마비를 겪고 무시무시한 공포를 느꼈다고 말하는 환자도 있었다.

입면환각과 수면마비는 기면병이 아닌 다른 질환에서도 볼 수 있기 때문에 이 두 가지 증상만으로는 기면병이라고 진단하지 않는다. 그런 의미에서 기면병의 핵심 증상은 심각한 주간졸림이라고 말할 수 있다.

● 탈력발작

수면 도중이 아닌, 각성 시에 나타나는 기면병 증상으로 탈력발작(cataplexy)이 있다. 탈력발작이란 강렬한 감정 변화가 있을 때, 즉 심하게 놀라거나 크게 웃거나 화를 낼 때 갑자기 근육의 힘이 빠지는 증상이다. 탈력발작은 부분적으로 나타날 수도 있고, 신체 모든 근육에서 나타날 수도 있다. 이처럼 탈력발작의 양상과 빈도, 정도는 매우 다양하다.

탈력발작이 나타날 때 환자의 의식은 또렷한데, 심하지 않을 경우에는 탈력발작을 감지하고 환자 스스로 대비하기도 하고, 탈력발작이 생기는 상황을 피하려고 노력하기도 한다. 탈력발작도 기면병의 특징적인 증상 가운데 하나로 일컬어지고 있다.

● 야간 수면 시 수면분절

갑작스럽게 잠이 쏟아지는 기면병 환자는 그만큼 밤에도 깊은 잠을 잘 수 있을 것이라고 생각할지 모른다. 하지만 야간 수면에서 자다가 깨다가를 반복하는 수면분절이 나타나는 사례가 많다. 이처럼 기면병은 주간에 나타나는 수면발작뿐만 아니라 야간 수면에도 지장을 초래한다.

진단법과 분류

수면 전문의는 앞서 소개한 네 가지 증상에 대해 환자와 충분히 상담하고 진찰함으로써 기면병인지 아닌지를 판단할 수 있다. 실제 수면 클리닉에서는 세밀한 문진과 함께 야간 수면다원검사, 다중입면잠복기검사(MSLT), 각성유지검사(MWT) 등 다양한 검사를 통해 기면병을 확진한다. 특히 야간 수면과 마찬가지로 주간 수면 검사에서 '입면기 렘수면(SOREM)'을 쉽게 관찰할 수 있다는 점도 기면병의 특징으로 꼽는다.

신체 질환에서 유발되지 않은 특발성 기면병은 '탈력발작을 동반하는 기면병'(140쪽 표 3-14)과 '탈력발작을 동반하지 않는 기면병'(140쪽 표 3-15)으로 분류된다. 근육 긴장은 렘수면 단계에서 나타나므로 탈력발작은 렘수면의 작동 이상을 특징적으로 보여주는 증상이기도 하다. 이런 탈력발작을 동반하지 않는 기면병은 동반하는 기면병에 비해 다소 증상이 가벼울 때도 있어서 기면병의 불완전 유형이라고 보는 관점도 있다.

기면병 환자들의 모임

회사 동료가 기면병을 앓고 있다는 사실을 모르는 상태에서 중요한 회의 시간에 갑자기 잠들어버리는 장면을 목격한다면 어떤 생각이 들까? 아마도 게으른 사람 혹은 무책임한 사람이라고 여기지 않을까?

기면병 환자들 중에는 처음에는 심각한 졸음을 질병이라고 인식하지 못하고 자신의 의지로 고치려고 애쓰는 사람도 많다. 특히 기면병에 대한 정보가 많이 알려지지 않아서 환자들이 사회적인 차별을 받고 있는 것도 사실이다. 일상생활에 지장을 초래하는 주간졸림이 개인의 의지 문제가 아닌 치료가 가능한 질병의 증상이라는 사실을 알게 되면서 많은 환자들이 희망을 되찾았다고 한다. 아울러 기면병 관련 지식을 세상에 널리 보급하고, 환자들끼리 서로 정보를 교환하며 삶의 질 향상에 도움을 주고받는 기면병 환자들의 모임도 만들어지고 있다.

표 3-14 ▪▪ 탈력발작을 동반하는 기면병의 진단 기준(ICSD-2)

A. 환자가 최소한 3개월 동안 거의 매일 심각한 주간졸림을 호소한다.

B. 감정에 따라 야기되는 갑작스럽고 일시적인 근육 긴장의 소실 삽화로 정의할 수 있는 탈력발작의 뚜렷한 증상이 있다.

　　※ 주의점: 탈력발작이라고 명명하기 위해서는 이들 삽화가 강렬한 감정(가장 신뢰할 수 있는 것은 웃음이나 농담)에 따라 유발되며, 일반적으로 근육 긴장이 양측성으로 나타나고 2분 이하로 짧아야 한다. 적어도 탈력발작이 나타나기 시작할 때는 의식이 또렷하다. 증상 자체는 드물지만, 일시적이고 가역적인 심부(深部) 힘줄반사의 소실을 동반하는 탈력발작을 관찰할 수 있다면 대단히 유효한 진단적 소견이 된다.

C. 탈력발작을 동반하는 기면병의 진단은 야간 수면다원검사와 다음날의 다중입면잠복기검사를 통해 확인해야 한다. 검사 전날 밤 충분한 야간 수면(6시간 이상)을 취한 후에 다중입면잠복기검사에서 평균 수면잠복기가 8분 이하, 입면기 렘수면이 2회 이상 관찰된다. 또는 뇌척수액의 하이포크레틴 농도가 110pg/mL 이하, 즉 정상 대조군 평균의 1/3 이하라야 한다.

　　※ 주의점: 다중입면잠복기검사에서 2회 이상의 입면기 렘수면은 매우 특이적인 소견인 반면에, 8분 이하의 평균 수면잠복기는 정상 인구에서도 30%까지 나타난다. 탈력발작을 동반하는 기면병 환자의 90% 이상이 뇌척수액의 하이포크레틴 농도가 110pg/mL 이하, 즉 정상 대조군 평균의 1/3 이하다. 이는 다른 질환을 가진 환자의 사례에서는 거의 관찰되지 않는 수치다.

D. 이 과다수면증은 다른 수면장애, 신체 질환 또는 신경 질환, 정신 질환, 약물 사용이나 물질 사용 장애로 설명되지 않는다.

표 3-15 ▪▪ 탈력발작을 동반하지 않는 기면병의 진단 기준(ICSD-2)

A. 환자가 최소한 3개월 동안 거의 매일 심각한 주간졸림을 호소한다.

B. 전형적인 탈력발작은 보이지 않는다. 다만 불확실한 또는 비정형적인 탈력발작과 유사한 삽화가 보고될 때가 있다.

C. 탈력발작을 동반하지 않는 기면병의 진단은 야간 수면다원검사와 다음날의 다중입면잠복기검사를 통해 확인해야 한다. 검사 전날 밤 충분한 야간 수면(6시간 이상)을 취한 후에 다중입면잠복기검사에서 평균 수면잠복기가 8분 이하, 입면기 렘수면이 2회 이상 관찰된다.

　　※ 주의점: 다중입면잠복기검사에서 2회 이상의 입면기 렘수면은 매우 특이적인 소견인 반면에, 8분 이하의 평균 수면 잠복기는 정상 인구에서도 30%까지 나타난다.

D. 이 과다수면증은 다른 수면장애, 신체 질환 또는 신경 질환, 정신 질환, 약물 사용이나 물질 사용 장애로 설명되지 않는다.

기면병의 연구

● 유전과의 관련성

희귀 난치성 질환으로 알려진 기면병은 지금까지 꾸준한 연구를 통해 다양한 사실이 밝혀졌다. 먼저 일본의 저명한 수면학자인 혼다 유타카(本多 裕) 박사 연구팀은 탈력발작을 동반하는 기면병 환자의 경우 '인간백혈구항원(HLA; human leukocyte antigen)' 아형인 DRBI*1501과 관련이 깊다는 유전적 요인을 발견했다. 하지만 반대로 이 유전형을 갖고 있다고 해서 모두 기면병을 앓는 것은 아니다. 같은 유전형을 가진 일란성 쌍둥이 중 약 30% 정도만이 탈력발작을 동반한 기면병을 형제가 공유한다는 연구 결과도 있다. 따라서 유전적인 배경에 증상을 유발하는 스트레스 요인이 곁들여져서 기면병이 발병하는 것으로 여겨진다.

● 오렉신

미국 스탠퍼드대학교의 니시노 세이지(西野精治) 박사 연구팀은 기면병 환자

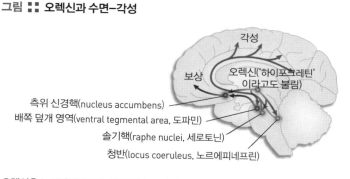

그림 ▪▪ 오렉신과 수면-각성

각성

보상   오렉신('하이포크레틴' 이라고도 불림)

측위 신경핵(nucleus accumbens)
배쪽 덮개 영역(ventral tegmental area, 도파민)
솔기핵(raphe nuclei, 세로토닌)
청반(locus coeruleus, 노르에피네프린)

오렉신은 노르에피네프린, 세로토닌, 도파민과 같은 모노아민(monoamine) 신경전달물질에 작용하는 신경 펩타이드(peptide)로, 각성 스위치에 관여하는 각성 물질로 알려져 있다.

[Reprinted by permission from Macmillan Publishers Ltd : Nat. Med. 13(2), 150-155, copyright(2007)]

의 경우 뇌척수액 속의 오렉신(orexin), 즉 하이포크레틴(hypocretin) 농도가 정상인에 비해 아주 낮다는 사실을 발견했다. 오렉신은 수면-각성 메커니즘에서 강력한 각성을 일으키는 물질로 알려져 있다(141쪽 그림). 오렉신이 부족하다는 것은 그만큼 각성 상태를 유지하기 어렵다는 뜻이고, 결과적으로 오렉신의 부족은 수면발작을 유발하는 하나의 요인이 될 수도 있다. 더 자세한 연구 결과가 나오면 부족한 오렉신을 보충할 수 있는 새로운 치료법이 탄생할 것으로 기대된다.

치료

기면병 치료에서 가장 중요한 것은 심각한 주간졸림이 치료 가능한 질병이라는 사실과 증상의 특징을 환자가 충분히 이해하는 일이다. 이 과정을 통해 환자는 생활습관을 바로잡고 긍정적인 마음가짐으로 질병에 대처할 수 있다.

기면병으로 인해 참을 수 없는 졸음이 몰려올 때는 낮잠을 자면 한결 가뿐해지는데, 실제로 계획적인 낮잠 습관이 증상 완화에 크게 도움이 되는 것으로 알려져 있다. 기면병을 치료하려면 반드시 규칙적인 생활을 해야 하고, 폭음이나 밤샘 작업은 피해야 한다. 직장인이나 학생의 경우 주위 사람들에게 미리 기면병의 특징을 알린다면 적절한 도움을 받을 수 있는 데다 절대로 의지가 부족하거나 게을러서 나타나는 병이 아니라는 사실을 충분히 이해받을 수 있어 생활하기가 훨씬 수월해진다.

약물치료에서는 과도한 주간졸림을 조절하기 위해 각성촉진제가 처방된다. 밤에 잠을 자지 못할 때는 수면제를 처방하기도 한다. 렘수면과 관련된 입면환각이나 수면마비가 심한 환자에게는 렘수면을 억제하는 데 도움이 되는 항우울제를 사용할 때도 있다.

이처럼 기면병은 적절한 약물치료와 생활습관 교정을 통해 충분히 증상을 조절할 수 있고 생활의 불편도 최소화할 수 있다. 아무쪼록 환자가 조기 진단과 적절한 치료를 받을 수 있도록 기면병에 대한 정확한 정보가 널리 보급되었으면 한다.

신체 질환에 따른 기면병

신체 질환으로 인해 기면병과 유사한 증상이 나타날 때도 있다. 대체로 하이포크레틴 생산에 관여하는 뇌 시상하부가 손상을 입었을 때 생긴다. ICSD-2에는 시상하부 종양, 사르코이드증(sarcoidosis, 원인을 알 수 없는 전신적 염증 질환), 시상하부를 침범하는 다발경화증(중추신경계의 탈수초성에서 비롯된 만성 염증성 질환) 등이 소개되어 있다. 또한 머리 부위 외상이 기면병 증상을 유발하기도 한다.

 **가위눌림**

수면 중 공포 체험으로 통하는 '가위눌림'은 많은 사람들이 경험하는 현상이다. 가위눌림을 수면의학 용어로 '수면마비'라고 하는데, 이는 앞서 소개했듯이 기면병의 주요 증상 가운데 하나이기도 하다. 보통 가위눌림에서는 무시무시한 환각이나 꿈을 동반하고, 의식은 또렷하지만 몸을 마음대로 움직이지 못하는 상태에 빠진다.

가위눌림과 관련해 일본의 유명한 연구 조사를 보면 일본인은 가위눌림을 비교적 빈번하게 경험하는 것 같다. 1987년 일본 후쿠시마대학교의 후쿠다 가즈히코(福田一彦) 교수 연구팀이 발표한 〈일본인 대학생의 가위눌림 빈도〉 논문에 따르면, 대학생 635명 가운데 약 40%가 적어도 한 번의 가위눌림 경험이 있다고 대답했다. 다른 나라의 조사 통계를 보면 가위눌림을 경험한 사람의 비율은 대략 20~40% 정도 된다. 가위눌림을 경험했다고 해서 기면병을 염려할 필요는 없다. 반대로 기면병 환자 중에도 가위눌림, 즉 수면마비가 나타나지 않는 사례도 있다.

가위눌림이 생기기 쉬운 상황을 꼽는다면 신체적 혹은 정신적 스트레스, 수면-각성 리듬의 불균형 등이 있다. 예컨대 시차 차이로 인해 수면-각성 리듬이 깨지거나, 전날 밤 밤샘 작업을 했거나, 마라톤 경기 등으로 신체적인 스트레스를 지나치게 받았거나, 극도로 긴장하는 상황을 접하며 심한 정신적 스트레스를 받았을 때는 가위에 눌리기 쉽다.

가위눌림 자체는 질환이 아니기 때문에 잦은 가위눌림으로 생활에 지장을 초래하는 경우가 아니라면 따로 치료는 하지 않고 수면위생 지도로 편안한 잠을 유도하게 된다.

반복성 과다수면증

반복성 과다수면증(클라인-레빈 증후군, 생리 관련 과다수면증 포함)은 극심한 졸음이 몰려오면서 하루의 수면 시간이 급증해 때로 20시간 가까이 잠자는 상태가 주기적으로 찾아오는 원인 불명의 질환이다. 주로 10대에 발병하고 여성보다는 남성에게서 발병률이 높지만, 매우 드물게 보고된다. 졸음이 강한 기간은 약 2주 정도이고, 이런 심각한 졸림 증상이 1년에 1회에서 10회까지 반복적으로 나타날 수 있다.

뇌파 검사를 해보면 정상일 때 보이는 각성 지표인 깨끗한 알파파가 적고, 의식장애에서 나타나는 세타파가 출현하는 등 수면 상태보다 의식장애에 가까워 보인다. 뇌 움직임을 살펴보는 신경 기능 화상검사에서는 시상(뇌 중앙에 위치하며, 뇌 전체로 신경 전달의 중계 역할을 하는 부위)이 제 기능을 다하지 않는다는 보고도 있다.

과다수면 이외에도 과식이 나타나고(각성 중 폭식), 공격성이 높아지며, 성욕이 증가하는 등의 뚜렷한 행동 이상을 보일 때는 '클라인-레빈 증후군(Kleine-Levin syndrome)'이라고 진단한다.

반복성 과다수면증의 경우 현재 표준적인 치료 방침이 확립되지 않았다. 졸림이 심한 시기에는 제대로 사회생활을 할 수 없을 정도로 과다수면 증상을 보이는데, 이 시기가 지나면 다시 일상생활을 영위할 수 있다. 과다수면 시기에는 중추신경자극제를 처방할 때도 있지만 만족스러운 효과를 기대하기 어렵다. 하지만 이 질병은 나이가 들수록 증상이 완화되어서 중년 이후에는 저절로 호전되는 사례도 많다.

반복성 과다수면증 가운데 '생리 관련 과다수면증'도 있다. 이는 월경곤란증 또는 월경전증후군(PMS; PreMenstrual Syndrome)과도 관련된 증상인데, 생리 전 고온기에 일주일 정도 나타나는 과다수면 상태를 말한다. 대체로 고온기에는 잠이 쏟아진다는 여성들이 있는데, 이와 같은 사실에서 성호르몬의 혈중 농도 변화에 따라 과다수면이 생긴다고 추측된다. 생리 관련 과다수면증에는 경구피임약이 증상 완화에 도움을 주는 것으로 알려져 있다.

특발성 과다수면증

심각한 주간졸림 이외에는 별다른 증상이 없는 수면장애를 '특발성 과다수면증'이라고 한다. 낮 동안에 일어나는 과도한 졸림이라면 기면병을 꼽을 수 있지만, 특발성 과다수면증의 경우 기면병과 달리 탈력발작이나 수면마비 등의 증상은 나타나지 않는다. 이들 증상은 렘수면 중에 근육이 이완되는 공통점이 있는데, 기면병은 수면 시작과 함께 렘수면 단계로 곧장 이행하는 '입면기 렘수면'이 관찰되지만, 특발성 과다수면증에서는 입면기 렘수면이 보이지 않는다는 점이 특징이다. 졸림은 야간 수면에도 찾아와서 실제 수면 시간이 길어진다.

기면병과 특발성 과다수면증의 또 다른 차이점을 꼽는다면 기면병은 짧은 낮잠으로 개운함을 느끼지만, 특발성 과다수면증은 낮잠 시간이 3~4시간이나 지속되며 잠에서 깬 뒤에도 개운하지 않다. 아침에 기상해서도 잘 잤다는 숙면감을 느끼지 못한다. 렘수면과 관련이 깊은 기면병과 구분된다는 점에서 특발성 과다수면증을 '논렘 과다수면증'이라고 부를 때도 있다. 희귀한 질병으로 병리 연구가 충분히 이루어지지 않아서 현재 단계에서는 확실한 치료가 어려운 상황이다.

특발성 과다수면증은 심각한 주간졸림 이외에도 장시간의 야간 수면을 동반할 때가 있어서 ICSD-2에서는 '장시간 수면을 동반하는 특발성 과다수면증'과 '장시간 수면을 동반하지 않는 특발성 과다수면증'으로 분류하고 있다.

행동유발성 수면부족증후군

점점 줄어들고 있는 현대인의 수면 시간과 비례해서 수면 부족을 호소하는 사람도 많다. 실제로 전철에서 꾸벅꾸벅 조는 사람을 심심찮게 볼 수 있는데, 이는 낮 동안 졸음이 쏟아지기 때문이다.

'행동유발성 수면부족증후군'은 야간 수면 부족으로 주간졸림이 심각하게 나타나는 상태를 말한다. 여기에서 '심각하다'는 것은 주관적인 의미이므로, 졸림을 느낀다고 해도 불편함을 호소하지 않으면 행동유발성 수면부족증후군이라고 진단하지 않는다. 또한 6시간의 야간 수면으로 숙면감을 느끼는 사람이 있는가 하면, 심각한 수면 부족을 호소하는 사람도 있다. 그런 의미에서 환자가 몇 시간 자는지는 병의 진단에 크게 영향을 끼치지 않는다.

　요컨대 행동유발성 수면부족증후군은 낮에 정상적인 각성 수준을 유지하기 위해 필요한 수면을 충분히 취하지 못하는 상태가 거듭 이어지는 상황을 가리키며, 주간에 각성을 유지하는 데 필요한 야간 수면의 길이는 개인에 따라 천차만별이다. 앞의 칼럼(☞111쪽)에서도 소개했듯이, 적정 수면 시간은 사람마다 차이가 크고 주간의 활동량에 따라서도 달라진다. 따라서 '건강에 좋은 수면 시간은 ○시간'으로 정해두고 그 시간에 맞출 것이 아니라, 실제로 주간졸림이나 몸 상태를 살피면서 자신에게 맞는 수면 시간을 가늠해야 한다. 한편 충분히 잤는데도 몸이 찌뿌드드하다면 수면무호흡증 등의 수면장애나 기타 신체 질환이 있을 수 있으니 전문의를 찾아 정확히 검사해야 한다.

수면장애
극복 point

중추성 과다수면증
기면병, 과다수면증, 수면부족증후군

- 중추성 과다수면증의 대표 질환으로 기면병을 꼽을 수 있다.

- 기면병의 주요 증상은 수면발작, 입면환각, 수면마비, 탈력발작이다.

- 기면병은 대체로 야간 수면에도 지장을 초래해서 중도각성이 많고 불면 증상을 호소하는 사례도 있다.

- 반복성 과다수면증은 가벼운 의식장애가 주기적으로 나타나는 원인 불명의 질환이다.

- 행동유발성 수면부족증후군은 스스로 야간 수면이 부족하다는 사실을 인식하지 못하는 상황에서 수면 시간이 줄어드는 생활이 거듭 이어지는 상태로, 극심한 주간졸림을 호소한다. 밤에 충분히 잠을 자면 주간졸림 증상은 개선된다.

3.4 하루주기리듬 수면-각성장애
수면 시간대의 문제

'하루주기리듬 수면–각성장애'는 잠을 못 자는 불면을 호소하는 것이 아니라, 잠자는 시간대가 사회생활의 주기와 어긋나면서 하루의 수면–각성 리듬이 불규칙해지는 질환을 말한다(그림 3-10). 아주 늦게 자거나(수면위상 지연형), 아주 이른 시간대에 자거나(수면위상 전진형), 24시간의 수면 주기에서 벗어나는 유형 등이 있다. 또 해외여행에서 흔히 경험할 수 있는 시차증(비행시차장애)도 하루주기리듬 수면–각성장애에 포함된다.

이 가운데 다른 사람보다 일찍 자고 일찍 일어나는 전진형은 '수면위상 전진장애'가 병적 증상이라고 하더라도 일상생활에 크게 지장을 초래하지 않기 때문에 실제로 병원을 찾는 사람은 드물다. 예컨대 매일 저녁 7시부터 새벽 2시까지 잠을 자고 이른 새벽에 일어나서 열심히 일하는 사람이 있다면 사회에서는 부지런한 사람으로 통할 확률이 높다. 이처럼 수면 시간대가 앞으로 당겨지는 전진형은 개인의 수면–각성 리듬과 사회적 가치관이 부합한다고 할 수 있다.

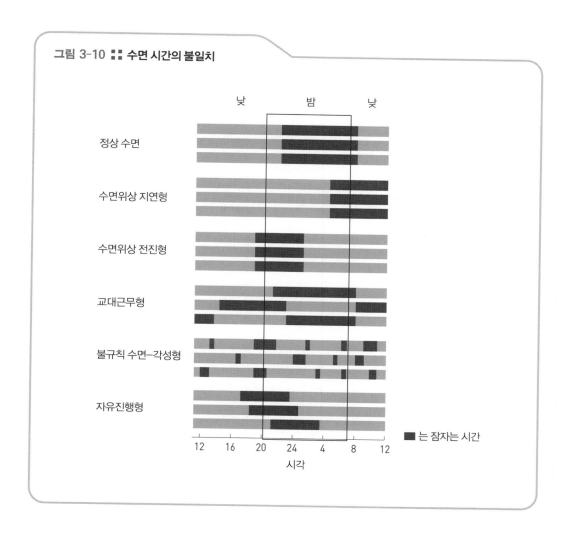

그림 3-10 :: **수면 시간의 불일치**

낮　　밤　　낮

정상 수면

수면위상 지연형

수면위상 전진형

교대근무형

불규칙 수면–각성형

자유진행형

■ 는 잠자는 시간

12　16　20　24　4　8　12

시각

수면위상 지연형(수면위상 지연장애)

하루주기리듬 수면–각성장애 가운데 가장 문제가 되는 유형이 '수면위상 지연형'이다. 아무리 노력해도 일찍 잠들지 못하고 일찍 일어나지도 못하는 사람들이다.

주위에서 보면 대학생들 가운데 늦게 자고 늦게 일어나는 올빼미족이 많은

표 3-16 :: 하루주기리듬 수면-각성장애 중 수면위상 지연형의 진단 기준(ICSD-2)

A. 사회적으로 허용되는 시간에 일어나지 못하고 원하는 시간에 잠을 자지 못하는, 만성적 혹은 반복적인 불편함을 호소한다. 즉 바람직한 취침 시각과 기상 시각을 비교했을 때 주요 수면 시간대의 위상 지연이 두드러지게 나타난다.

B. 환자 스스로 자신이 원하는 수면 스케줄을 선택할 수 있다면 수면의 질과 지속 시간은 해당 연령대의 정상 수면을 나타내고, 24시간 주기의 수면-각성 리듬 유형에 따르는 위상은 지연되지만 안정화된 양상을 유지한다.

C. 최소 일주일 이상 수면일지와 활동기록기를 관찰하면(수면일기 포함) 습관적 수면 시간의 지연이 안정적으로 나타난다.

　※ 주의점: 추가적으로 심부체온 리듬의 최저점 또는 희미한 빛에서의 멜라토닌 분비 시작점(DLMO) 등 다른 하루주기 리듬의 지연 현상은 수면위상 지연을 확인하는 데 유용하다.

D. 이 수면 문제는 다른 수면장애, 신체 질환 또는 신경 질환, 정신 질환, 약물 사용이나 물질 사용 장애로 설명되지 않는다.

것 같다. 하지만 취업 등으로 환경이 바뀌면 아침에 일찍 일어나서 생활하게 된다. 이처럼 큰 어려움 없이 수면 시간대를 바로잡을 수 있을 때는 '수면위상 지연장애'라고 진단하지 않는다. 만약 저녁형 인간으로 지내면서 가벼운 문제가 생긴다면 의사는 '부적절한 수면위생'으로 판단하고 치료가 아닌 생활 지도를 진행한다.

진단

수면위상 지연장애를 진단할 때는 의사가 생활 지도를 진행하거나 환자 스스로 아무리 노력해도 수면 시간대의 불일치가 교정되지 않는다는 사실이 중요하다. 따라서 전문의는 이런 관점에서 충분히 환자와 상담하며 문진을 하게 된다.

수면 클리닉에서 이루어지는 문진에서는 등교 거부의 원인이 되거나 회사 출근의 방해 요소가 되는 심리적 원인이 따로 있는지에 대해서도 주위 깊게 듣는다. 더욱이 지연장애가 언제부터 나타났는지, 수면위상을 지연시킨 구체적인 계기가 있었는지 등을 질문한다. 예를 들면 어릴 때부터 늦게 자고 늦게 일어나는 생활이 지속되었는지, 밤늦게까지 깨어 있어야만 하는 부득이한 이유가 있었는지 등 개인적인 상황을 두루 살피는 것이다. 실제로 불규칙한 생활습관이 하루주기리듬 수면-각성장애를 고정화시키는 사례도 많다.

그 밖에 수면일지, 활동기록기 등을 이용해서 수면 양상을 관찰한다. 수면 일지는 자신의 수면 시간대를 직접 기록하는 관찰 일지로, 수면-각성 리듬의 대략적인 내용을 파악할 수 있다. 최근에는 활동기록기도 매우 효과적인 진단법으로 각광받고 있다.

수면위상 지연장애를 진단하기 위해 항문 안쪽의 곧창자(직장)에서 잰 심부 체온의 리듬을 측정하거나, 불빛이 희미한 방에 머물며 빛의 영향을 받지 않는 상태에서 멜라토닌 분비의 24시간 주기를 조사하는 '희미한 빛에서의 멜라토닌 분비 시작점(DLMO; dim light melatonin onset)' 검사를 시행하기도 한다.

수면위상 지연장애 환자들은 수면 시간대뿐만 아니라 식사 시간대도 어긋나 있을 때가 많다. 또한 사회적 통념에서 강조하는 이른 시간대에 억지로 기상하면 주간졸림과 함께 심각한 컨디션 난조를 보인다. 게다가 아침 등교 시간에 일어나지 못해서 자주 지각하거나 학업 성적이 떨어지는 사례도 있다.

원인

수면위상 지연장애의 발병 원인은 빛에 대한 반응성에 이상이 생겼거나 시계 유전자에 문제가 생겼기 때문이라고 거론되고 있지만 아직 정확하게 밝혀진 바는 없다. 대체로 특별한 원인 없이 조금씩 뚜렷하게 증상이 나타난다. 대부분은 10대 후반부터 지연 증상을 보이지만, 문진으로 확인했을 때 밤늦게까지 깨어 있는 습관이 아동기부터 고착되는 사례도 있다. 간혹 머리 부위의 외상이나 중병을 앓고 난 뒤에 지연장애 증상이 나타나기도 한다.

치료법

하루주기리듬 수면-각성장애 가운데 지연형은 치료가 쉽지 않다. 따라서 늦게 자고 늦게 일어나는 저녁형 생활을 어느 정도 허용하는 일이 오히려 하나의 치료법이 될 수 있다. 특히 출퇴근 시간의 제약을 받지 않는 직업군이라면 수면위상 지연장애가 사회생활에 크게 지장을 초래하지 않을 수도 있다. 하지만 학교생활이나 직장생활에 적합한 시간대에 맞추어야 할 때는 수면 시간을 바로잡는 치료가 반드시 필요하다.

'빛 치료'(☞82~83쪽)는 가장 폭넓게 쓰이는 치료법이다. 빛은 수면-각성의 위상을 변화시킨다. 늦은 시간대로 지연된 수면-각성의 위상을 빠른 시간대로 앞당기려면 아침에 빛을 쬐는 것이 가장 효과적이다. 빛에 반응하는 정도는 개인에 따라 차이가 나지만, 대개 3000~10000럭스의 인공 빛을 아침 7시즈음에 1시간 이상 쬔다. 빛 치료에는 청색광(☞153쪽)이 효과적이다. 다만 매일 반복해야 하므로 다소 불편하다는 단점이 있다. 최근에는 휴대용 빛 치료 기기가 시판되고 있어서 여행할 때 지참할 수도 있다.

'시간 치료'는 잠자는 시간대를 조금씩 뒤로 옮겨가는 방법이다(그림 3-11). 매일 3시간씩 늦게 자는데, 지연형의 경우 평소 잠자는 시간대보다 빨리 자는 일은 어렵지만 늦게 자는 것은 비교적 수월하다. 일주일 동안 3시간씩(3×6=18시간) 늦게 자다 보면 일반적인 사회생활 시간대에 맞는 수면 스케줄을 되찾을 수 있다. 하지만 교정된 상태를 유지하는 일이 매우 어렵기 때문에 이 시기에 빛 치료를 병행하기도 한다. 일시적으로 수면 시간대를 바로잡았다 하더라도 다시 지연 상태로 되돌아가는 사례도 흔하다.

그림 3-11 ∷ 시간 치료

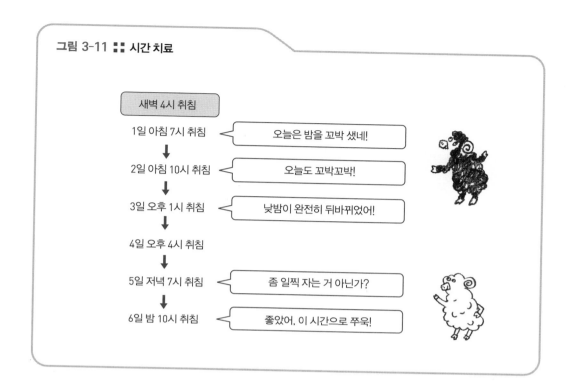

생체리듬에 영향을 끼치는 '청색광'

　지금까지의 연구에서 하루주기 리듬에 가장 강력한 영향을 끼치는 빛은 450나노미터(㎚) 전후의 짧은 파장인 청색광이라는 사실이 밝혀졌다. 각성을 야기하는 청색광은 집중이 필요한 주간 활동에는 도움이 되지만, 수면과 휴식에는 해로운 빛이다. 특히 밤 9시 이후 야간 시간대에 청색광을 포함한 백색광 전등이 켜진 환한 방에서 지내다 보면 생체리듬이 지연되어 밤에 잠을 자기가 어려워진다.

　수면 시간대가 늦어지는 지연형을 교정하고 싶다면 취침 전의 수면 환경을 고려해서 밝은 빛에 노출되지 않도록 유념해야 한다. 이를 위해 집 안은 조명도가 낮은 노란색 전등으로 다소 어둡게 꾸미는 것이 바람직하다. 요컨대 수면위상 지연장애를 악화시킬 수 있는 청색광의 차단은 증상을 완화하면서 쾌적한 야간 수면 환경을 만드는 데 반드시 필요하다.

숙면을 방해하는 청색광은 TV, 컴퓨터, 스마트폰 등의 액정 화면에서도 방출되는데 최근에는 청색광을 차단하는 안경이나, 모니터에서 청색광이 나오지 않도록 밤이 되면 자동적으로 색감을 조절하는 소프트웨어도 개발되고 있으니 활용하면 숙면에 도움이 될 것이다.

약물치료

수면위상 지연장애의 약물치료에는 수면제, 멜라토닌, 비타민B12 등이 사용된다. 이들 약물을 이용할 때는 전문의의 처방은 물론이고 설명을 충분히 듣고 복용법을 반드시 지켜야 한다.

지연형을 교정하기 위한 수면제는 보통 초단시간 작용형 약제를 처방하고, 일반적인 사회생활에서 요구하는 수면 시간대에 취침할 수 있도록 입면 시간을 고정해나간다. 멜라토닌은 이른 저녁에 복용하면 생체리듬을 앞으로 당기는 데 도움이 된다(☞155쪽). 멜라토닌 대신 멜라토닌 수용체에 작용해서 멜라토닌과 유사한 효능을 얻을 수 있는 라멜테온(ramelteon, ☞219쪽)을 사용할 때도 있다.

멜라토닌

멜라토닌은 신경호르몬의 일종으로 뇌의 솔방울샘(송과체)에서 분비된다. 솔방울이라는 말에서 알 수 있듯이, 솔방울샘은 솔방울처럼 생긴 내분비기관으로 뇌 중앙에 위치한다. 다만 솔방울샘의 크기는 실제 솔방울보다는 훨씬 작은, 지름 5~8mm 정도의 쌀 한 톨 크기밖에 되지 않는다. 파충류나 조류의 경우 솔방울샘이 위치한 뇌 부위는 '제3의 눈'으로 불리며 피부 바로 아래에 위치하고 빛을 통해 멜라토닌의 합성을 조절하는데, 이 부위에 생물시계가 존재하는 것으로 알려져 있다.

인간의 생체시계는 시신경교차상핵에 존재한다고 밝혀졌는데, 솔방울샘에서 멜라토닌을 만들어낸다는 점은 파충류와 동일하다. 또한 인간도 빛을 쬐면 빛의 정보가 시신경교차상핵을 매개로 솔방울샘에 전해지고, 그 결과 멜라토닌의 분비가 억제된다.

멜라토닌은 아미노산의 하나인 트립토판에서 세로토닌을 거쳐 만들어진다(그림 A). 이 과정 가운데 빛의 통제를 받는 부분이 있다. 사실 멜라토닌의 생

그림 A :: 트립토판에서 멜라토닌이 만들어지기까지

트립토판

산소가 붙는다 NH_2 COOH   이산화탄소가 떨어진다

세로토닌

수소가 메틸기로 교체된다   HO NH_2 아세틸기가 붙는다

멜라토닌

H_3CO CH_3

성 메커니즘은 인간의 실제 수면 여부와는 상관이 없다. 따라서 깨어 있더라도 어두운 곳에 머무른다면 야간에 멜라토닌은 분비된다. 그런 이유로 멜라토닌을 '밤 호르몬'이라고 부른다.

단, 어두운 방에서 오랫동안 지내더라도 멜라토닌은 24시간 주기로 분비된다. 이와 같은 사실에서 멜라토닌은 빛의 영향을 받으면서 동시에 시신경교차상핵에서 솔방울샘으로 전송되는 생체시계의 신호 조절도 받는 것으로 추정된다. 또 청소년기에는 멜라토닌의 분비량이 매우 많지만, 노년기에는 분비량이 줄어든다는 사실도 알려져 있다(그림 B).

임상 현장에서 멜라토닌이 활용될 때도 있다. 시차증이나 하루주기리듬 수면-각성장애와 같이 수면-각성 리듬이 깨졌을 때 수면 리듬을 바로잡기 위해 멜라토닌을 처방한다. 노년층의 불면증에도 효과가 있는 것으로 보고되고 있다. 이와 같은 사실을 토대로 자연계에 존재하는 멜라토닌뿐만 아니라 체내에 약제로 이용하기 쉬운 멜라토닌 성분의 약물로서 멜라토닌 수용체에 작용하는 라멜테온이 개발되기도 했다(☞219쪽).

멜라토닌의 기능도 조금씩 규명되고 있다. 수면과 관련해서는 멜라토닌이 분비되면 인간의 생체시계가 존재하는 시신경교차상핵에 작용해서 체온을 떨어뜨리거나, 코티솔의 분비를 (간접적으로) 억제하거나, 수면-각성 리듬에 영향을

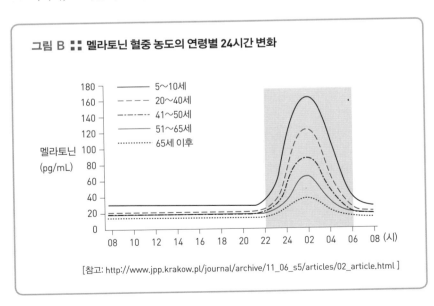

그림 B :: 멜라토닌 혈중 농도의 연령별 24시간 변화

멜라토닌 (pg/mL)

5~10세
20~40세
41~50세
51~65세
65세 이후

[참고: http://www.jpp.krakow.pl/journal/archive/11_06_s5/articles/02_article.html]

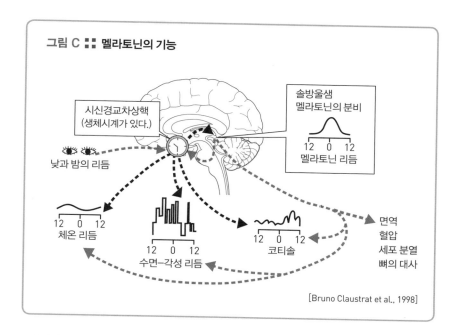

그림 C ∷ 멜라토닌의 기능

시신경교차상핵
(생체시계가 있다.)

솔방울샘
멜라토닌의 분비

12 0 12
멜라토닌 리듬

낮과 밤의 리듬

12 0 12
체온 리듬

12 0 12
수면-각성 리듬

12 0 12
코티솔

면역
혈압
세포 분열
뼈의 대사

[Bruno Claustrat et al., 1998]

끼친다고 밝혀졌다(그림 C). 또 생식샘자극호르몬의 억제 작용도 보고되고 있으며, 면역력 강화에 도움이 된다는 사실이 몇몇 연구를 통해 규명되었다.

젊을수록 분비량이 많고 나이가 들수록 분비량이 적다는 점, 면역 증강은 물론 항암 효능이 있다는 사실이 알려지면서 한때는 멜라토닌이 회춘의 만병통치약으로 인기를 모으기도 했다. 하지만 건강기능식품으로 멜라토닌을 남용하는 일은 부작용이 있을 수 있으니 의사의 처방과 복용법을 반드시 따라야 한다.

눈뒤신 발견
note

위상반응곡선

앞에서 빛은 생체리듬에 강력한 영향을 끼친다고 소개했는데, 그렇다고 해서 빛이 하루 종일 생체리듬에 동일한 영향을 주는 것은 아니다. 빛에 노출되는 시간대에 따라 역효과를 초래할 때도 있다.

예를 들어 아침에 강한 빛을 쬐면 수면-각성 리듬은 일찍 자고 일찍 일어나는 쪽으로 바뀐다. 요컨대 평소보다 이른 시간에 졸리고, 야간 체온이 떨어지는 시각도 앞당겨진다. 이와 같은 주기적 양상을 '위상'이라고 부르고, 위상이 어긋나는 것을 '위상의 변환(shift)'이라고 부른다. 수면위상에서 일찍 자고 일찍 일어나는 방향의 변화를 '위상의 전진'이라고 하며, 위상의 전진은 보통 +1시간, +2시간처럼 플러스(+)로 표시한다. 반대로 취침 전 밤 9시경에 강렬한 빛을 쬐면 늦게 자고 늦게 일어나는 방향으로 위상이 어긋난다. 즉 깊은 밤에도 잠이 오지 않고 아침에는 정오가 다 되어서도 잠에서 깨지 못한다. 야간 체온이 떨어지는 시각도 그만큼 늦어진다. 이런 변화를 '위상의 지연'이라고 하며 마이너스(-)로 표시한다.

빛을 쬐는 시간대와 위상 변환을 그래프로 나타낸 것이 그림 D의 위상반응곡선이다. 점선이 빛의 위상반응곡선이다. 위상반응곡선을 보면 알 수 있듯이 이른 아침에 빛을 쬐면 플러스, 즉 위상 전진이 일어나고, 늦은 밤에 빛을 쬐면 위상 지연이 생긴다. 보통 밖이 환한 정오 무렵에는 빛을 쬐더라도 위상에 별다른 영향을 끼치지 않는다.

그림 D에 표시된 실선은 멜라토닌의 위상반응곡선이다. 이는 멜라토닌을

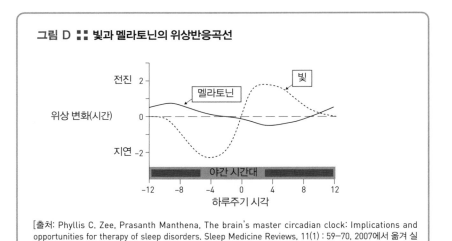

그림 D ▪▪ 빛과 멜라토닌의 위상반응곡선

[출처: Phyllis C. Zee, Prasanth Manthena, The brain's master circadian clock: Implications and opportunities for therapy of sleep disorders. Sleep Medicine Reviews, 11(1) : 59-70, 2007에서 옮겨 실음.]
http://dx.doi.org/10.1016/j.smrv.2006.06.001

[Bruno Claustrat et al., 1998]

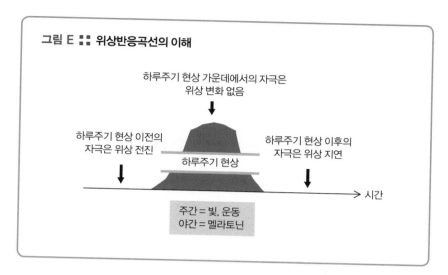

그림 E :: 위상반응곡선의 이해

하루주기 현상 가운데에서의 자극은
위상 변화 없음

하루주기 현상 이전의
자극은 위상 전진

하루주기 현상 이후의
자극은 위상 지연

하루주기 현상

시간

주간 = 빛, 운동
야간 = 멜라토닌

복용하는 시각과 복용에 따라 발생하는 생체리듬의 위상 변화를 나타낸다. 그래프를 자세히 보면 멜라토닌의 위상반응곡선은 빛의 위상반응곡선과 반대 위상에 가까운 곡선을 그린다는 사실을 알 수 있다.

그림 B(☞156쪽)에서도 표시했듯이 멜라토닌은 야간에 분비되는 것이 특징이다. 멜라토닌의 분비량이 최고조를 이루는 시각은 새벽 2시에서 새벽 3시쯤으로, 밤 9시경에 분비가 시작되어 아침까지 분비가 이어진다. 또 빛에 따라 멜라토닌의 분비가 억제되는 것도 주요 특징 가운데 하나다. 한낮의 햇빛이 정오를 정점으로 하는 주간 현상이라면 멜라토닌의 분비는 오전 2시부터 3시에 정점을 이루는 야간 현상이다. 따라서 멜라토닌 복용에 따른 위상반응곡선은 빛과는 반대 위상에 가까운 곡선을 그리게 되는 것이다.

위상반응곡선의 세밀한 곡선 모양이나 효과의 세기와 관련해서는 다양한 실험을 진행해야 하지만, 일반적으로 생각하면 하루주기 리듬을 갖고 있는 현상의 경우 현상보다 빠른 시각에 자극을 주면(일출 전에 빛을 쬐거나, 멜라토닌 분비 이전인 이른 저녁 시간에 멜라토닌을 복용하면) 위상은 전진한다. 또 현상보다 늦은 시각에 자극을 주면(일몰 후에 빛을 쬐거나 멜라토닌 분비 이후인 새벽에 멜라토닌을 복용하면) 위상은 지연된다(그림 E).

수면위상 전진형(수면위상 전진장애)

수면위상 지연형 이외에도 불규칙한 수면 시간대를 보이는 유형은 다양하다. 먼저 수면위상 전진장애부터 알아보자.

그림 3-10(☞149쪽)에 소개했듯이, 성인의 정상 수면 시간이 대략 밤 11시부터 아침 7시 즈음이라고 할 때 수면위상 전진형은 저녁 7시에 취침해서 새벽 2시경에 기상한다. 이처럼 일반적인 사회생활의 시간대보다 빨리 자고 빨리 일어나는 종달새 유형을 수면위상 전진형이라고 한다(표 3-17).

흔히 수면위상 전진증후군(advanced sleep phase syndrome)이라고 부르는 '전진형'의 경우 수면 문제가 일상생활에 크게 지장을 주지 않고, 치료를 받는 경우도 '지연형'에 비해 훨씬 드물다.

표 3-17 :: 하루주기리듬 수면-각성장애 중 '수면위상 전진형'의 진단 기준(ICSD-2)

A. 사회적으로 허용되는 각성 시간까지 수면을 유지할 수 없는 증상과 함께 원하는 시간까지 깨어 있을 수 없는 만성적 혹은 반복적인 불편함을 호소한다. 즉 바람직한 취침 시각과 기상 시각을 비교했을 때 주요 수면 시간대의 위상 전진이 두드러지게 나타난다.

B. 환자 스스로 자신이 원하는 수면 스케줄을 선택할 수 있다면 수면의 질과 지속 시간은 해당 연령대의 정상 수면을 나타내고, 24시간 주기의 수면-각성 유형에 따르는 위상은 전진하지만 안정화된 양상을 유지한다.

C. 최소 일주일 이상 수면일지와 활동기록기를 관찰하면(수면일기 포함) 습관적 수면 시간의 전진이 안정적으로 나타난다.

  ※ 주의점: 추가적으로 심부체온 리듬의 최저점 또는 희미한 빛에서의 멜라토닌 분비 시작점(DLMO) 등 다른 하루주기 리듬의 전진 현상은 수면위상 전진을 확인하는 데 유용하다.

D. 이 수면 문제는 다른 수면장애, 신체 질환 또는 신경 질환, 정신 질환, 약물 사용이나 물질 사용 장애로 설명되지 않는다.

불규칙 수면-각성형(불규칙 수면-각성 리듬)

불규칙 수면-각성형은 하루의 수면-각성 리듬에 규칙성이 사라지면서 다양한 시간대에 졸리고 잠을 자는 유형이다(표 3-18). 말하자면 하루주기 리듬이 보이지 않는 무질서한 수면-각성 리듬으로, 수면 시간대는 들쭉날쭉하지만 총 수면 시간은 문제없는 경우가 대부분이다.

표 3-18 ⠇⠇ 하루주기리듬 수면-각성장애 중 '불규칙 수면-각성형'의 진단 기준(ICSD-2)

A. 불면증, 심각한 주간졸림 또는 이 두 가지 증상에 대해 만성적인 불편함을 호소한다.

B. 최소 일주일 이상, 수면일지와 활동기록기를 관찰하면(수면일기 포함) 24시간 동안 적어도 3회 이상의 불규칙한 수면발작이 확인된다.

C. 24시간 동안 총 수면 시간은 기본적으로 해당 연령대의 정상 범위에 속한다.

D. 이 수면 문제는 다른 수면장애, 신체 질환 또는 신경 질환, 정신 질환, 약물 사용이나 물질 사용 장애로 설명되지 않는다.

자유진행형(비정렬형)

자유진행형은 수면 리듬이 24시간 주기에서 벗어나 자유롭게 진행되는 양상을 보이는데 대개 24시간보다 긴 주기로 수면-각성 리듬이 고정된다. 예를 들어 하루의 수면-각성 리듬이 25시간 주기의 경우 오늘 밤 취침 시간이 23시였다면 내일 밤 취침 시간은 24시로, 잠드는 시각이 1시간씩 지연되는 것이다.

그림 3-12(☞162쪽)와 같이 하루의 수면 시간대를 매일 표시해나가면 수면 시간을 나타내는 검은색 부분이 비스듬하게 어긋나 있는 양상을 관찰할 수 있다. 이는 신생아의 수면 기록(☞37쪽)과 비슷하다. 신생아는 생체시계가 작동하더라도 아직 빛을 통해 24시간 주기로 동조하는 시스템이 자리잡지 못해

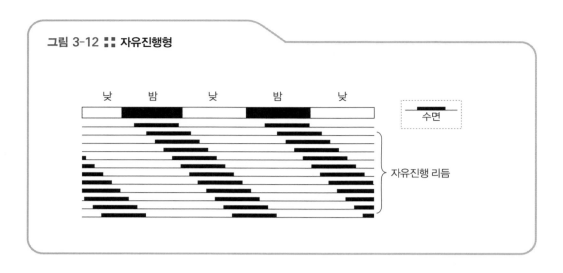

그림 3-12 ▪▪ 자유진행형

낮 밤 낮 밤 낮

수면

자유진행 리듬

서 하루의 수면-각성 리듬이 24시간 주기와 일치하지 못하고 자유진행 리듬 (free-running rhythm) 상태가 되고 만다. 이와 비슷한 수면-각성 리듬이 성인 에게도 나타나는 것을 '자유진행형' 또는 '비정렬형'이라고 한다. 비정렬형의 진단과 치료법은 수면위상 지연형과 기본적으로 동일하다.

비행시차형(비행시차장애, 시차증)

최근에는 국제화 시대에 접어들면서 다른 나라를 방문하는 사람들이 날로 증가하고 있다. 해외여행은 물론이고 외국으로 출장을 가거나 다른 나라에서 다양한 경험을 쌓고자 많은 사람들이 외국을 오가고 있기 때문이다. 이때 교 통수단은 주로 비행기를 이용하는데, 항공편으로 장거리를 이동할 때 생기 는 일시적인 증세를 '시차증'이라고 한다. 시차증은 '제트래그 신드롬(jet lag syndrome)' 또는 '시간대 이동 증후군(time zone change syndrome)'이라고 부르 기도 한다. 수면의학에서는 '비행시차형' 또는 '비행시차장애'로 분류된다.

비행시차형은 보통 3시간 이상의 시차가 있는 지역을 단기간에, 즉 비행기로 이동할 때 현지 시간과 생체시계의 불협화음으로 나타나는 시차 부적응의 다양한 증상을 통틀어 지칭하는 말이다. 비행시차형은 적어도 2개 이상의 표준 시간대를 통과할 때 생기며 배나 기차, 자동차로 이동할 때는 거의 나타나지 않는다. 요컨대 시차가 나는 지역을 천천히 이동할 때는 인체의 적응 속도가 시차 변화를 따라잡을 수 있기 때문에 시차증이 생기지 않는다.

비행시차형과 관련된 수면장애로는 쉽게 잠들 수 없거나(입면 곤란), 깊은 잠을 자지 못하고 중간에 잠을 깨거나(수면 유지 곤란), 심각한 졸림, 낮 동안의 몽롱한 증상(주간 각성 수준 저하) 등을 꼽을 수 있다.

표 3-19 :: 비행시차형의 증상

• 불면	• 두통
• 심각한 졸림	• 우울한 기분, 초조감
• 낮 동안의 작업 효율 저하	• 식욕 저하, 변비 · 설사 등의 소화기계 증상
• 육체 피로감	

비행시차형은 출발지에 맞춰서 움직이던 인체의 생체시계와 도착지의 현지 시간이 서로 일치하지 않아서 생기므로(☞164쪽 그림 3-13), 이를 현지에 도착하자마자 일치시키는 일은 현대의학으로 불가능하다. 12시간의 시차가 있는 경우(지구 반대편에서 왔을 때) 새로운 시간대에 적응하려면 체온 리듬은 대체로 10~14일의 시간이 필요하다고 알려져 있다.

하지만 수면-각성 리듬과 체온이나 멜라토닌 리듬은 서로 다른 생체시계의 통제를 받기 때문에 체온 리듬이 불일치하더라도 수면-각성 리듬은 도착지의 시간 리듬과 다소 일치시킬 수 있다. 이와 관련해 구체적인 방법을 165쪽 표 3-20에 소개했다.

일부 방법을 소개하면, 미리 도착지의 시간을 알 수 있는 시계를 휴대하는 것만으로도 시차 적응에 도움이 된다. 현지 시각에 맞춘 시계는 현지 시간대에

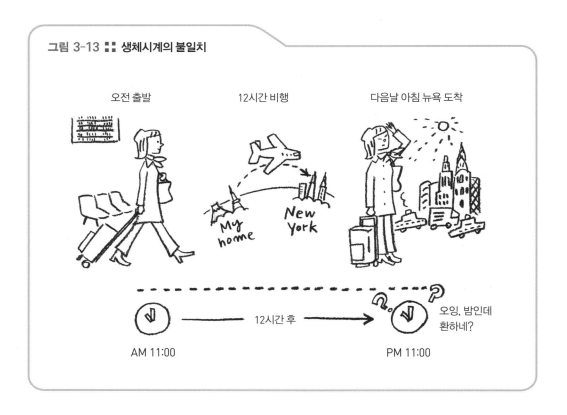

그림 3-13 :: 생체시계의 불일치

오전 출발   12시간 비행   다음날 아침 뉴욕 도착

My home

New York

12시간 후

오잉, 밤인데 환하네?

AM 11:00   PM 11:00

더 빨리 적응할 수 있도록 이끌어준다. 또 동쪽으로 비행한다면 도착한 날 밤에 제대로 잠들기 위해 여행 전부터 조금씩 일찍 잠자리에 드는 것이 좋고, 서쪽으로 비행한다면 취침 시간을 조금씩 늦추는 것이 현지 시각에 적응하기 좋다.

24시간 주기 리듬으로 교정해나갈 때 빛은 매우 중요한 '동조화 인자'다. 특히 도착지에서 아침 일찍 강렬한 빛을 쬐면 생체시계는 현지 시각에 더 빨리 적응할 수 있다. 반면에 커피나 알코올 섭취는 수면의 질을 떨어뜨리기 때문에 기내에서 삼가는 쪽이 바람직하다. 사회적인 동조화 인자로는 혼자 지내지 말고 현지인들과 같이 이동하거나 현지 시각에 맞는 식사를 꼽을 수 있다.

이와 함께 잠자기 전에 멜라토닌을 복용하면 체내 멜라토닌의 리듬에 변화를 가져와서 수면–각성 리듬의 교정을 재촉한다고 한다. 심한 불면 증상이 동반될 때는 단시간에 작용하는 수면제를 복용하는 것도 고려해볼 만하다.

표 3-20 :: 시차 부적응 해소법

- 미리 도착지 시간대에 맞는 취침 시간과 각성 시간을 염두에 두고 생활한다.

- 출발지 공항에 도착하면 손목시계를 현지 시간으로 조정한다.

- 기내에서는 카페인이나 알코올 섭취를 삼간다.

- 도착지에서는 아침 햇빛을 쬐며 산책한다.

- 호텔에만 머물지 말고 현지인들과 활발하게 교류한다.

- 현지 시각에 맞는 식사를 한다.

- 멜라토닌, (초)단시간형 수면제 복용이 도움이 될 수 있다(시간 맞춰 복용하기).

외국을 자주 오가는 사람들을 위한 시차증 극복 방법

외국을 자주 오가는 사람들이 점점 늘어나고 있다. 그런 사람들이 시차증에 어떻게 대처하면 좋은지 살펴보자.

● 동쪽 비행과 서쪽 비행

예컨대 한국을 출발지로 삼는다면, 미국에 갈 때와 유럽에 갈 때는 비행 방향이 반대라서 시차증의 양상도 달라진다. 한편 시차가 없는 남북 이동에서는 시차증이 생기지 않는다.

일반적으로 동쪽 비행은 서쪽 비행보다 시차증이 더 심하게 나타난다. 동쪽 방향으로 8시간의 시차가 있는 지역으로 이동한다고 가정해보자. 도착지 시각으로 밤 9시일 때 출발지인 한국 시각은 오후 1시다. 전혀 졸리지 않은 시간대다. 이대로 도착지의 시계가 자정을 향하면 밤이니까 잠자리에 든다. 하지만 출발지 시각으로는 오후 4시밖에 되지 않았으니 잠을 잘 수 없는 상황이 계속되고 도착지 시각으로 아침이 되었을 때 비로소 졸리기 시작한다.

그런데 주위는 이미 환해져 있다. 바로 자리에서 일어나보지만 낮 동안 체온이 낮은, 즉 수면 모드에 가까운 체내 리듬이 저녁때까지 이어지면서 주간에 컨디션 저하가 나타난다.

한편 서쪽 비행은 시차증 증상이 비교적 가벼운 편이다. 마찬가지로 서쪽 방향으로 8시간 시차가 있는 지역을 방문한다면 도착지 시각으로 밤 9시일 때 출발지인 한국은 새벽 5시다. 만약 이 시간까지 도착지에서 깨어 있다면 졸음이 밀려와서 곧바로 잠들게 된다. 그러면 이른 취침과 시차 때문에 도착지 시각으로 새벽 3~4시쯤 잠에서 깬다. 즉 일찍 자고 일찍 일어나게 되는 셈이다. 이런 상황은 현지에서 주간 활동을 할 때 크게 도움이 된다. 하지만 도착 후 일정이 많고 도착지 시각으로 저녁 7시부터 회의가 시작된다면 생체리듬은 새벽 3시에 머물러 있으므로 일을 할 때 최고의 기량을 발휘하기 어렵다. 따라서 이를 극복하기 위한 시차 조절이 필요하다.

● 시차증을 극복하기 위한 위상 전환

도착지의 시간 리듬에 빨리 적응하기 위해 위상 전환을 도모할 때 포인트는 출발 전과 현지 도착 후로 나뉜다. 또 동쪽이냐 서쪽이냐의 비행 방향에 따라서도 달라진다. 방법으로는 단독으로 빛만 이용하거나 빛과 멜라토닌을 모두 이용하는 방법이 있다.

출발 전: 출발 전 위상 전환의 기본은 도착지의 시간대에 신체리듬을 조금씩 맞추어가는 일이다. 만약 환경 격리실을 이용할 수 있다면 도착지의 시간대에 거의 완벽하게 생체시계를 맞추는 일이 가능할 수도 있겠지만, 운동선수의 경우 출발 전에도 훈련을 받아야 하기 때문에 현실적으로 환경 격리는 어렵다.

따라서 동쪽 비행이라면 일찍 자고 일찍 일어나는 방향으로(전진), 서쪽 비행이라면 늦게 자고 늦게 일어나는 방향으로(지연) 위상을 몇 시간 이동시킨다. 이때 이동시키는 시간은 3시간 정도가 바람직하다. 연구실 실험 자료에는 햇빛에 노출하는 방법으로도 5~6시간의 위상 전환이 가능하다고 나오지만, 실제 연습 현장에서 보면 시간대 이동이 너무 크면 합숙소에서 단체 식사 등의 스케줄 변경이 어렵거나 지역 팀과의 연습 경기 시각을 설정하기 어렵다는 점 등 다양한 문제가 생긴다.

위상 전환에는 빛과 멜라토닌이 이용된다. 두 가지를 동시에 사용하는 쪽이 시너지 효과가 있다는 연구 보고도 있지만, 멜라토닌은 졸음을 불러올 수 있으므로 주간 활동을 고려해 신중하게 처방해야 한다. 개개인의 위상반응 곡선에 맞춰 도착지의 시간대와 일치하는 방향으로 하루 1시간씩 이동시켜 나간다.

동쪽 비행(위상 전진)과 서쪽 비행(위상 지연)으로 나눠서 3시간의 위상 전환 방법을 168쪽에 소개했다. 방법은 비교적 간단한데, 매일 1시간씩 수면 시간을 이동시키면서 빛과 멜라토닌을 이용하는 것이다. 서쪽 비행에서는 비행기 출발 시각이 있기 때문에 출발 당일에는 늦잠을 잘 수 없을지도 모른다. 만약 시간적 여유가 있다면 하루 30분씩 위상을 이동시키는 방법이 무리하지 않으면서 더 나은 효과를 얻을 수 있다.

기내에서: 동쪽 비행이라면 기내에서 되도록 많이 자둔다. 시차 극복만 생각한다면 출발 전 공항에서 충분히 식사하고, 기내에서는 식사하지 않고 곧장 잠을 자는 방법이 효과적이다. 동쪽 비행에서는 현지 시각으로 보통 오전에 도

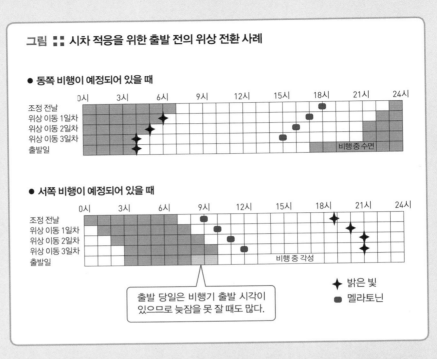

그림 🔡 **시차 적응을 위한 출발 전의 위상 전환 사례**

● 동쪽 비행이 예정되어 있을 때

조정 전날
위상 이동 1일차
위상 이동 2일차
위상 이동 3일차
출발일

비행 중 수면

● 서쪽 비행이 예정되어 있을 때

조정 전날
위상 이동 1일차
위상 이동 2일차
위상 이동 3일차
출발일

비행 중 각성

출발 당일은 비행기 출발 시각이 있으므로 늦잠을 못 잘 때도 많다.

✦ 밝은 빛
■ 멜라토닌

착하기 때문에 도착 첫날 잠을 자려면 10시간 이상 깨어 있어야만 한다. 따라서 비행기에서 충분히 수면을 취해야 컨디션 조절에 도움이 된다.

또한 비행기를 타기 전에 미리 손목시계를 현지 시간으로 맞추어둔다. 이는 외적 동조화 인자로서 생체시계에 영향을 끼치기 때문이다.

비행기를 타기 전에도 기내에서도 수분을 충분히 섭취한다. 반면에 알코올과 커피는 소변 배출로 수분을 빠져나가게 하므로 피한다. 수분 섭취는 시차와 직접적인 관련은 없지만 기내가 매우 건조하기 때문에 수분을 자주 보충해주는 쪽이 바람직하다. 아울러 수분은 혈액순환을 활발하게 하고 탈수로 혈전이 생기는 것을 막아주기 때문에 흔히 이코노미클래스 증후군(economy class syndrome)으로 불리는 '심부(深部)정맥 혈전증' 예방에도 도움이 된다.

도착 후: 현지에 도착한 당일의 위상 이동은 출발 전에 비해 훨씬 복잡하다.

다만 도착 직후의 생체리듬은 출발지에서의 본래 생체리듬에 가깝기 때문에 만약 출발 전에 충분히 위상 이동을 도모했다면 이동된 리듬으로 현지 시간에 좀 더 빨리 적응할 수 있다.

좀 더 구체적으로 소개하면 8시간 시차가 있는 동쪽 비행의 경우 출발 전에 3시간의 위상 이동을 실천했다고 가정해보자. 만약 위상 전환이 성공했다면 이동된 위상으로 현지에 도착하게 된다. 그러면 현지 시간과 5시간이 어긋나는 위상반응곡선을 갖고 현지로 들어가는 셈이다. 도착지에서는 빛을 이용해 시차 적응을 도모할 수 있다. 168쪽의 그림을 보면 새벽 4시에 빛을 쬐기 때문에 현지에서는 이보다 5시간 지난 오전 9시경에 빛을 쬐게 된다. 이는 도착 후 아침에 실외로 나가서 빛을 쬐고 훈련함으로써 실천에 옮길 수 있다. 실제로 현지에 도착하고 나서는 하루하루 도착지 시간대에 적응해나가기 때문에 현지 시간에 맞춰 생활하고 아침에는 일찍 일어나서 빛을 쬐면 대개 시차증은 사라진다.

● 기타 요인

비행기를 통한 장거리 이동에서 비롯된 시차증은 시차가 유발하는 피로감을 비롯해 여러 복합적인 요인으로 발생한다. 특히 기내라는 좁고 밀폐된 장소에서 느끼는 불편함과 장시간의 신체적 구속, 다른 문화에 대한 적응, 업무 수행에 대한 부담감 등 정신적인 스트레스와 밀접한 관련이 있다.

다만 똑같은 부담감이라도 생체 조건에 따라 스트레스의 자각 수준이 달라진다. 요컨대 수면을 충분히 취하지 못한 상태에서는 압박감을 더 심하게 느끼지만, 충분한 수면과 휴식을 취했다면 좀 더 여유를 갖고 스트레스에 대처할 수 있다. 따라서 사전에 위상 전환을 통해 수면 문제를 해결하고 하루라도 빨리 현지 시간대에 적응한다면 정신적인 부담감도 한결 줄어들 수 있지 않을까 싶다.

교대근무형(교대근무 수면장애)

하루주기리듬 수면–각성장애에 속하는 '교대근무형(교대근무 수면장애)'은 근무 일정이 낮과 밤으로 교대되는 직업군에서 흔히 볼 수 있는 수면장애로 불면과 심한 졸림을 호소한다.

교대근무는 '24시간 번갈아 근무한다'는 뜻이다. 이를 테면 업무 시간이 심야 시간대로 고정되어 있는 사람은 수면 리듬이 지연된다는 문제가 있지만 대체로 24시간 리듬은 일정하다. 반면에 순환근무자들은 주간 근무, 오후 근무, 야간 근무, 새벽 근무 등 업무 일정표에 따라 근무 시간대가 달라진다. 따라서 불규칙한 수면 시간을 야기하고 수면–각성 리듬을 교란시킨다는 본질적인 문제점을 내포하고 있다. 바로 이 점이 줄곧 밤에만 근무하는 야간 근무자와 다른 점이다.

교대근무형은 근무 시간과 관련해 환자의 정보만 있으면 쉽게 진단을 내릴 수 있다. 증세는 비행시차형과 마찬가지로 졸림이나 심한 피로감 이외에도 자율신경계 증상, 식욕 변화, 변비·설사 등의 소화기계 증상을 동반한다.

치료는 쉽지 않지만 비교적 신체 부담을 덜어주는 방법은 있다. 주간 근무 후 수면 → 준야간 근무 → 준야간 근무 후 바로 수면 → 야간 근무 → 아침 귀가 후 쉬면서 단시간의 낮잠과 야간 수면 → 다음날 아침부터 주간 근무로 이어지는 스케줄이 조금이나마 부담을 덜어줄 수 있다. 이는 24시간보다 긴 주기로 비교적 적응하기 쉽기 때문이다. 하지만 생체리듬이 수면 시간대와 곧바로 보조를 맞추는 것은 아니기 때문에 오전 시간대에 잠을 자기 시작하면 수면 전반부에 렘수면이 빈번하게 출현하거나 중도각성이 증가하거나 코티솔과 같은 각성 호르몬이 분비되는 시기에 취침하는 등 수면의 질이 급속히 떨어진다. 따라서 어떤 순환 스케줄이라도 교대근무의 피로감은 피하기 어려울 듯하다.

표 3-21 ▪▪ 하루주기리듬 수면-각성장애 중 '교대근무형'의 진단 기준(ICSD-2)

A. 일반적인 취침 시간과 겹치는 근무 일정이 거듭 반복됨으로써 불면과 심각한 졸림을 호소한다.

B. 적어도 1개월 이상의 교대근무 일정과 증상이 함께 따른다.

C. 최소 일주일 동안 수면일지 또는 활동기록기를 관찰하면(수면일기 포함) 하루주기 리듬의 불균형과 수면 시간의 불일치가 확인된다.

D. 이 수면 문제는 다른 수면장애, 신체 질환 또는 신경 질환, 정신 질환, 약물 사용이나 물질 사용 장애로 설명되지 않는다.

교대근무형의 치료 방법으로는 빛 치료나 약물치료가 증상 완화에 도움을 줄 수 있다. 빛 치료의 경우 야간에 근무할 때는 밝은 빛을 쬐면서 각성 수준을 높이고 생체리듬을 밤시간대로 지연시킨다. 반면 야간 근무 후 오전에 수면을 취하기 위해서는 선글라스 등으로 아침 햇빛을 차단하는 것이 바람직하다. 또 불면 증상이 심할 때는 단시간 작용형 수면제로 입면을 돕는 방법도 있다.

신체 질환에 따른 하루주기리듬 수면-각성장애

하루주기리듬 수면-각성장애를 유발하는 신체 질환은 매우 다양하다. ICSD-2는 치매, 파킨슨병, 시각장애, 간 질환 말기에 주로 나타나는 간성혼수(肝性昏睡) 등의 질병과 하루주기리듬 수면-각성장애의 관련성을 언급하고 있다.

 **수면과 호르몬**

잠자는 동안 체내에서는 다양한 변화가 일어나는데, 그중에서도 호르몬의 변화는 매우 특이하다. 호르몬이란 몸의 특정 장기에서 분비되어 혈액을 타고 이동해 처음 분비된 장소와 떨어진 곳에서 효과를 발휘하는 내분비물질을 말한다. 지극히 미량으로 분비되면서 인체에 큰 영향을 끼친다는 점도 호르몬의 특징이다. 우리가 자고 있을 때도 여러 종류의 호르몬이 분비된다. 아이들은 자면서 쑥쑥 자란다는 말이 있듯이 성장호르몬은 수면 중에 분비되는 호르몬의 대표 주자다. 그 밖에 수면 관련 호르몬에는 프로락틴, 부신겉질자극호르몬(ACTH), 코티솔, 갑상샘자극호르몬(TSH), 멜라토닌 등이 있다.

여기에서 수면 관련 호르몬이라고 소개했지만 사실상 이들 호르몬이 수면과는 전혀 관계가 없고, '우연히 밤시간대에 분비된 것은 아닐까?' 하는 의구심도 충분히 가질 수 있다. 이를 명확히 규명하려면 밤에 잠을 못 자게 한 상태에서 호르몬이 분비되는지를 조사해보면 된다. 즉 수면의 기능을 연구할 목적으로 강제로 잠을 못 자게 하는 수면박탈 실험이다. 또 수면 그 자체와 관계가 있다면 밤잠이 아닌 낮잠을 잘 때 분비될 수 있으므로 낮잠 시간에 관찰해보는 것도 하나의 방법이다. 실제 학자들이 이런 다양한 상황을 실험으로 관찰했는데 여러 가지 사실이 밝혀졌다.

결론부터 말하자면, 수면과의 연관성은 호르몬에 따라 저마다 다른 양상을 나타냈다.

● 성장호르몬

성장호르몬의 기능은 널리 알려진 대로, 어린이의 경우 뼈의 발육을 촉진하고 성장 발달에 도움을 준다. 이미 성장이 끝난 어른도 근력 운동을 하면 성장호르몬이 분비된다고 알려져 있다. 이처럼 성장호르몬은 근육 등의 단백질 합성을 촉진하거나 혈액 속 수분이나 당, 전해질 등의 대사를 조절하는 등 체내 상태가 일정하게 유지되도록 조절해준다. 인체가 환경 변화에 대응하여 항상 일정한 상태를 유지하는 것을 호메오스타시스(homeostasis), 즉 '항상성'이라고 하는데 성장호르몬은 항상성 유지를 위한 아주 중요한 임무를 수행하고 있는 것이다.

174쪽의 그림 A를 보면 알 수 있듯이 성장호르몬은 주간에도 분비된다. 또 연속적인 분비보다는 간헐적으로 분비되어서 분비량을 측정해보면 삐죽한 산 모양의 그래프 양상을 보인다. 취침 시간 동안 가장 높은 분비를 보이는 점도 특징이다. 수면 양상을 조사하기 위해 야간 수면다원검사를 이용해서 뇌파를 측정하면 성장호르몬이 다량으로 분비되는 시간대와 서파수면의 시간대가 일치한다는 사실을 확인할 수 있다.

요컨대 성장호르몬은 서파수면에서 가장 많은 양이 분비된다. 그림 A에서도 나타났듯이 잠을 못 잔 밤에는 성장호르몬의 분비량이 뚜렷한 산 모양을 이루지 못하고 낮 동안의 분비량 정도에 그친다. 야간의 수면박탈 이후 주간에 수면을 취하기 시작하면 다시 분비량이 높아진다는 점에서 수면과 일치된 분비를 관찰할 수 있다. 즉 성장호르몬은 매일 밤잠을 제대로 자면 24시간 주기인 하루주기 리듬을 갖고 분비되지만, 수면의 양상이 달라지면 하루주기 리듬이 깨지게 된다.

밤잠을 못 자면 성장호르몬의 방출량이 줄어들까? 최근 수면박탈 실험에서는 반드시 그렇지 않다는 연구 결과가 나왔다. 수면박탈에서도 하루에 방출되는 성장호르몬의 양은 정상 수면을 취했을 때와 거의 변함이 없었다. 하지만 실험 결과를 나타낸 그림을 살펴보면 잠을 못 잔 밤에는 정상 수면에서 관찰되었던 높은 분비는 보이지 않고 주간과 동일하게 낮은 분비의 양상이 끊임없이 이어지는 모습을 볼 수 있다.

성장기 아이들에게는 높은 혈중 농도의 성장호르몬이 필요한데, 그림과 같이 낮은 분비 양상이 연속되면 깊은 수면을 취했을 때와 같은 분비 효과를 얻지 못할지도 모른다.

이 연구는 성인을 대상으로 한 실험 결과로, 아동을 대상으로 수면박탈

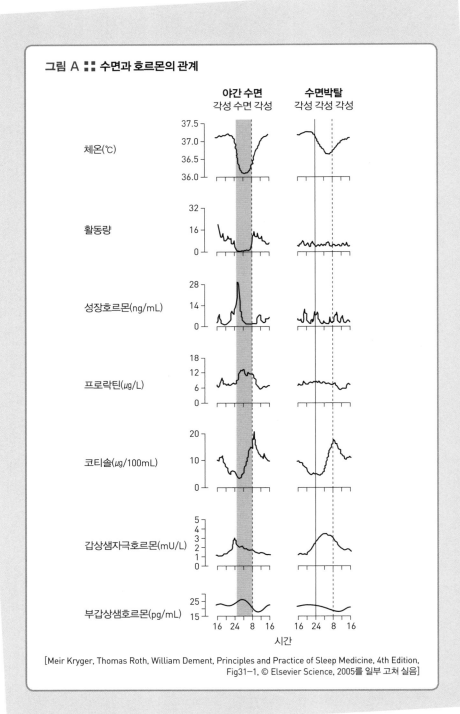

그림 A ▪▪ 수면과 호르몬의 관계

[Meir Kryger, Thomas Roth, William Dement, Principles and Practice of Sleep Medicine, 4th Edition, Fig31-1, © Elsevier Science, 2005를 일부 고쳐 실음]

실험을 실시하는 것은 윤리적으로 문제가 되기 때문에 실제로 연구 자체가 진행되기 어렵다. 다만 아이들의 균형 잡힌 발달에는 야간 수면에서 얻을 수 있는 성장호르몬의 높은 분비가 필요할 것이라고 추측할 따름이다. 성장호르몬과 수면의 관계를 명확히 밝히려면 앞으로 더 많은 연구가 필요하다.

● 프로락틴

프로락틴(prolactin)은 뇌 가운데에 위치한 뇌하수체 앞엽(전엽)에서 분비되는 호르몬이다. 여성의 경우 출산 후에 많은 양이 분비되며 유즙 생성을 촉진한다. 남성도 프로락틴을 분비하지만, 남성에서의 프로락틴의 활동은 제대로 밝혀지지 않았다.

프로락틴은 야간 수면 중에 많이 분비되며, 낮잠을 잘 때도 분비는 이루어진다. 반면에 수면박탈에서는 거의 분비되지 않으며, 분비 양상은 성장호르몬과 매우 흡사하다. 연구 실험을 통해 수면 시간대를 교란시키면 일반적인 수면 시간의 분비량이 더 많다는 사실을 알 수 있는데, 이와 같은 결과에서 프로락틴도 하루주기 리듬의 영향을 받는 것으로 여겨진다. 따라서 모유를 수유하는 산모는 밤잠을 충분히 자는 것이 중요하다.

● 코티솔

스트레스 호르몬으로 알려진 코티솔(cortisol)은 부신겉질에서 분비되는 중요한 당질 스테로이드 호르몬이다. 코티솔은 뇌하수체에서 분비되는 부신겉질자극호르몬(ACTH)의 자극을 받아 부신겉질에서 분비된다(176쪽 그림 B). 코티솔과 부신겉질자극호르몬은 새벽에 분비량이 상승하고, 저녁부터 심야에는 분비량이 최저 수치로 떨어지는 하루주기 리듬을 갖춘 것으로 알려져 있다.

코티솔은 수면 자체의 영향은 거의 받지 않고 수면박탈에서도 분비 양상은 비슷하지만, 수면박탈 또는 수면 부족 상태에서는 분비량이 증가한다. 수면 부족이 계속되면 코티솔의 분비량이 급증하고 이것이 혈압 상승으로 이어질

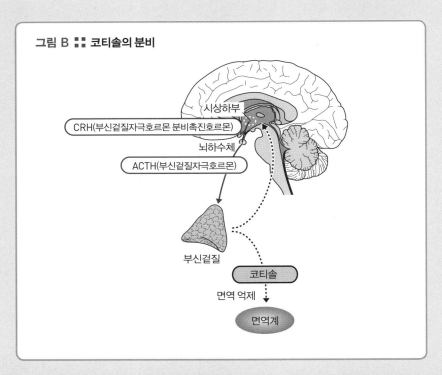

그림 B :: 코티솔의 분비

시상하부

CRH(부신겉질자극호르몬 분비촉진호르몬)

뇌하수체

ACTH(부신겉질자극호르몬)

부신겉질

코티솔

면역 억제

면역계

수도 있다. 또 코티솔은 혈당을 올리거나 위산 분비를 촉진한다. 이는 미리 신체 활동에 대비하는 코티솔의 본래 임무라고 말할 수 있다. 즉 아침이 되면 주간 활동을 위해 우리 몸을 바짝 긴장 모드로 만드는 것이다. 하지만 코티솔이 지나치게 많이 분비되면 몸에 문제가 생긴다. 만약 수면 부족으로 코티솔의 과잉 상태가 거듭된다면 당뇨병이나 위궤양에 걸릴 가능성이 매우 높아진다.

● **갑상샘자극호르몬**

갑상샘자극호르몬(TSH)은 저녁때부터 증가해서 입면과 함께 분비량이 최고조에 이르며, 새벽을 향하면서 분비량이 낮아지는 하루주기 리듬으로 활동한다. 갑상샘자극호르몬은 잠을 자지 않더라도 야간에 분비되는데, 수면 박탈에서는 높은 분비량 상태가 유지되다가 새벽에 분비량이 줄어든다. 따라서 잠을 자지 않으면 총 분비량은 증가한다. 갑상샘자극호르몬으로 분비가 촉진되는 것이 바로 갑상샘호르몬이다.

갑상샘호르몬이란 말 그대로 갑상샘에서 분비되는 호르몬이다. 갑상샘호르몬이 과다하게 분비된 상태가 '갑상샘기능항진증'이고, 반대로 갑상샘호르몬이 부족한 상태는 '갑상샘기능저하증'이다. 갑상샘호르몬은 신체의 기초대사를 조절해 몸의 발육을 촉진하는데, 분비량이 많으면 가슴 두근거림이 생길 수 있고, 양이 과도하게 늘어나면 불안·초조 등의 정신적인 증상을 포함해 다양한 증세가 나타난다. 반대로 갑상샘호르몬의 분비량이 줄어들면 냉증, 피부 건조 등의 신체 증상과 의욕 상실로 인한 무기력에 빠지게 된다.

하루주기리듬 수면-각성장애
수면 시간대의 문제

- 하루주기리듬 수면-각성장애는 하루의 수면-각성 리듬이 불규칙한 질환을 말하며, 내적 요인에서 비롯된 수면장애와 외적 요인에서 비롯된 수면장애로 나눌 수 있다.

- 내적 요인에서 생긴 수면장애의 경우 수면의 질에는 크게 문제가 없다.

- 수면위상 지연형, 자유진행형(비정렬형)이 주요 치료 대상이다. 치료법으로는 시간 치료, 빛과 멜라토닌 치료 또는 단시간형 수면제 복용 등의 약물치료가 있다.

- 3시간 이상 시차가 있는 지역을 비행기로 단시간에 이동할 때 발생하는 컨디션 난조가 시차증, 즉 비행시차장애다. 시차 부적응을 해소하기 위해 미리 도착지의 시간대에 생체리듬을 맞춰줌으로써 극복할 수 있다.

3.5 사건수면
수면 중의 문제

    지금까지 소개한 수면장애는 수면의 두 가지 측면, 즉 수면의 질(깊이 푹 자는가)과 수면 시간대(적정 시간에 취침과 기상을 하는가)에서 비롯된 수면 문제였다. '사건수면(parasomnias)'은 수면 중 또는 수면과 관련해 발생하는 바람직하지 않은 상황을 통틀어 일컫는 명칭이다.

    사건수면은 '각성장애(논렘수면 관련 사건수면)'와 '렘수면 관련 사건수면', '기타 사건수면'으로 나눌 수 있다. 하나씩 살펴보자.

각성장애(논렘수면 관련 사건수면)

    우리가 잠이 들면 보통 얕은 논렘수면에서 시작해 깊은 논렘수면으로 이동한다. 깊은 논렘수면 단계에서는 대뇌겉질(사고하는 뇌)은 거의 활동하지 않는다. 그런데 깊은 논렘수면 단계에서 갑자기 각성에 이르는 경우, 이때 생겨나는 여러 문제를 각성장애라고 말한다.

각성장애는 혼돈성 각성, 몽유병, 야경증으로 나눌 수 있다. 이는 각성했을 때 나타나는 행동에 따라 분류한 것이다.

혼돈성 각성

혼돈성 각성은 각성 중에 또는 각성 직후에 나타나는 정신적인 혼동 상태나 혼동성 행동을 말한다. 흥분을 동반하거나, 때로는 폭력적인 행동을 보이거나, 성적인 행동을 수반할 때도 있다. 유아와 35세 이하의 청년층에서 주로 볼 수 있다.

혼돈성 각성 상태가 되면 잠에서 깨어난 것처럼 보이지만 실제 뇌는 덜 깨어 수면과 각성이 혼재해 있다. 얼핏 보면 고함을 치거나 물건을 찾는 것 같은데 실제로는 이치에 맞지 않게 행동하는 것이다. 아동의 경우 난폭하게 소리를 지르거나, 멍하니 한 곳을 응시하거나, 부모가 곁에서 다독여주면 오히려 더 심하게 흥분을 표출하기도 한다.

일반적으로 아동기에 나타나는 혼돈성 각성은 성장하면서 증상이 줄어들거나 사라진다. 따라서 아이가 한밤중에 혼돈성 각성을 보일 경우 평소 증상의 진행 상태를 면밀하게 관찰하고, 증세가 조금씩 나아진다는 점을 되새기면서 위험한 상황에 처하지 않도록 유념해야 한다.

성인의 경우 아침 각성 시에 나타나는 혼돈성 각성으로 인해 등교나 출근이 어려울 때도 있지만, 이런 중증 사례는 지극히 드문 것으로 알려져 있다.

표 3-22 ⠿ 혼돈성 각성의 진단 기준(ICSD-2)

A. 밤잠 혹은 잠에서 깨거나 중간에 각성하는 동안 정신적 혼동 혹은 혼동성 행동이 반복적으로 나타난다.

B. 이 수면 문제는 다른 수면장애, 신체 질환 또는 신경 질환, 정신 질환, 약물 사용이나 물질 사용 장애로 설명되지 않는다.

몽유병

　몽유병(sleepwalking syndrome)은 주로 서파수면(깊은 논렘수면)에서 갑작스럽게 나타나는 이상행동(보행)이다. 아동기, 특히 만 8~12세까지의 유병률이 가장 높지만 성장하면서 증상이 사라진다. 앞에서 설명했듯이 깊은 논렘수면은 보통 수면 전반부에 출현하기 때문에 몽유병도 수면 개시 이후 2~3시간 동안 빈번하게 발생한다.

　몽유병의 증상은 깊은 잠을 자는 동안 침대에서 벌떡 일어나거나 눈을 뜨고 걸어 다니는 것 같은 단순한 행동에서부터 복잡한 행동까지 매우 다양하다. 몽유병 증상이 나타날 때 환자에게 말을 걸면 나름 대답하는 것처럼 보이지만 제대로 된 대화는 불가능하며, 아침에 기상했을 때는 한밤중의 행동을 기억하지 못한다. 몽유병과 다음에 소개할 야경증은 함께 나타기도 한다.

　몽유병의 발병 원인은 확실하게 밝혀지지 않았지만, 대뇌 발달 과정에서 수면 유지 기능을 담당하는 부위의 발달이 불균형한 것과 관계가 있을 것으로 추측하고 있다.

　몽유병은 아동기에 흔히 나타났다가 성인이 되면 거의 사라지는 만큼 크게 걱정할 필요는 없을 듯하다. 때로 가정이나 학교에서의 문제 등의 스트레스가 몽유병의 원인으로 작용하지만, 이 경우에도 증상이 오랜 기간 지속되지는 않는다. 만약 증상이 심각하거나 빨리 완화되기를 원한다면 수면제를 처방할 수도 있지만, 대개는 경과를 지켜보면서 저절로 나아지기를 기다린다.

표 3-23 :: 몽유병의 진단 기준(ICSD-2)

A. 수면 중 발생하는 보행.

B. 수면의 지속, 의식 상태의 변화 또는 보행 중의 판단장애를 적어도 아래 한 가지 이상에서 확인할 수 있다.
- ⅰ) 환자를 깨우기가 어려움
- ⅱ) 삽화에서 깨어났을 때 정신적으로 혼란 상태
- ⅲ) 삽화를 (전체적으로 또는 부분적으로) 기억하지 못함
- ⅳ) 부적절한 시간에 보이는 일상적인 행동
- ⅴ) 부적절한 행동이나 의미 없는 행위
- ⅵ) 위험한 행동 또는 잠재적으로 위험한 행동

C. 이 수면 문제는 다른 수면장애, 신체 질환 또는 신경 질환, 정신 질환, 약물 사용이나 물질 사용 장애로 설명되지 않는다.

성인도 몽유병을 경험할 때가 있는데, 낮 동안의 스트레스가 원인이 되기도 한다. 아동과 달리 성인은 적극적인 약물치료를 진행할 때가 많다.

야경증

야경증(sleep terror disorder)은 '수면 중 경악장애'라고도 부른다. 밤에 자다가 갑자기 일어나서 비명을 지르고 극심한 공포와 공황 상태를 표출하는 질환으로, 아동기에 흔히 나타나고 성인이 되면 감소한다. 쌔근쌔근 잠자던 아이가 갑자기 무시무시한 악몽을 꾼 것처럼 "으악" 하고 비명을 지르며 울기 때문에 온 가족이 깜짝 놀라기도 하는데, 이때 환자가 느끼는 공포감은 렘수면 단계인 꿈에 반응하는 공포가 아니라, 깊은 잠인 논렘수면 3단계, 4단계에서 느끼는 강한 공포감을 돌발적 비명과 함께 행동적·신체적으로 드러내는 것이다. 또 서파수면에서 나타나기 때문에 대체로 밤잠 전반부에 증상이 출현하고, 아침에 깨어나면 한밤중의 '사건'을 거의 기억하지 못한다.

 **그 아이는 진짜 야경증이었을까?**

30여 년 전, 한 남자아이가 필자의 병원을 찾았다. 그 아이의 증상은 깊은 밤에 섬뜩한 비명을 지르며 잠에서 깨어나 한바탕 소란을 피우다가 다시 잠이 들지만 아침이 되면 밤중의 행동을 전혀 기억하지 못하는 것이었다. 보호자가 원하기도 했고, 필자의 입장에서는 정확하게 진단할 필요가 있어 야간수면다원검사를 진행했다. 다만 아이의 어머니는 어린 동생을 돌봐야 하기 때문에 아이가 잠들 때까지만 곁에 있기로 했다.

방음 처리된 병원 뇌파실에서 검사를 시작했는데, 어머니가 귀가하고 깊은 밤이 되자 드디어 아이가 눈을 번쩍 떴다. 증상이 나타나는 줄 알고 바짝 긴장하고 있었는데, 공포감 대신 집이 아닌 낯선 환경에서 느끼는 외로움만 보였다. 곧바로 필자는 뇌파실로 가서 아이를 다독거리며 한참 동안 이야기를 나누었다. 그러다 아이는 스르르 잠이 들었고, 필자는 아침까지 아이 곁에 머물렀다.

아침 일찍 병원을 찾은 어머니에게 증상이 나타나지 않았음을 알렸다. 그리고 일주일 후에 다시 검사하기로 하고 아이는 귀가했다. 검사 결과는 '특이사항 없음'으로 나왔는데, 아이의 어머니는 "그날 검사 이후로 말끔히 나았어요. 더 이상 소리 지르면서 울지 않아요. 정말 감사합니다" 하며 환한 목소리로 인사를 했다. 필자는 다소 얼떨떨했지만 "만약 증상이 다시 나타나더라도 성장과 함께 자연스럽게 치유되니 너무 걱정하지 않아도 된다"며 어머니를 안심시키고 치료를 종료했다.

렘수면 관련 사건수면

앞서 소개한 혼돈성 각성, 몽유병, 야경증은 모두 논렘수면 단계에서 나타나는 증상이다. 렘수면 단계에서도 다양한 수면 문제가 발생한다. 렘수면은 새벽 시간대에 출현하기 때문에 '렘수면 관련 사건수면'은 주로 이른 아침에 증상이 나타날 때가 많다.

렘수면 행동장애

● 증상과 원인

쿨쿨 자고 있던 남편이 갑자기 옆에 누워 있는 부인에게 폭력을 휘두른다면? 물론 이런 일이 일어나면 안 되겠지만, 이와 비슷한 사건을 일으킬 수 있는 수면장애가 바로 '렘수면 행동장애'다. 이는 고령의 남성에게서 흔히 볼 수 있으며, 렘수면 단계에서 증상이 나타나는 것으로 밝혀졌다.

보통 렘수면에서는 꿈을 꿀 때가 많고 근전도가 최저 수치로 떨어진다. 요컨대 꿈을 꾸더라도 몸은 움직이지 않는다. 하지만 렘수면 행동장애는 몸을 움직이지 않는 메커니즘이 제대로 작동하지 않다 보니 꿈을 꾸면서 자신도 모르는 사이에 꿈의 내용을 행동으로 옮기게 된다. 잠결에 과격한 행동을 할 수 있어 매일 밤 자신을 침대에 꽁꽁 묶어두거나 침대에서 일어나지 못하게 수면 환경을 만드는 남성의 사례가 수면의학 교과서에 등장하기도 한다(184쪽 그림 3-14).

원인은 정확하게 밝혀지지 않았지만, 본질적으로는 꿈을 그대로 실행에 옮기는 과정에서 여러 문제가 생기는 것으로 본다. 특히 꿈에서 싸움을 하거나 무서운 장면을 목격할 때는, 앞서 소개한 폭력 행위가 항상 나타나는 것은 아니지만, 꿈의 내용에 따라 환자 본인이 다칠 수도 있고 같이 자는 사람을 때릴 수도 있어서 상황이 매우 위험해지기도 한다.

그림 3-14 :: 잠자는 동안 돌아다니면 위험하니까…

● **파킨슨병과의 관련성**

　지금까지의 연구 결과를 보면 렘수면 행동장애는 퇴행성 신경 질환과 동반해서 나타나는 것으로 알려져 있다. 퇴행성 신경 질환 가운데 가장 흔히 볼 수 있는 것이 파킨슨병이다. 파킨슨병은 뇌의 흑질에 분포하는 도파민이 줄어들면서 다양한 운동 기능에 장애를 초래하는 질병이다. 그 밖에 약물, 특히 항우울제 복용과 렘수면 행동장애가 관련이 있거나, 뇌종양에서 비롯된 사례도 드물게 보고되고 있다. 렘수면 행동장애가 알코올의존증과 함께 나타날 때도 있다.

● **치료**

　렘수면 행동장애가 신체 질환에서 유발된 경우라면 이들 질환을 치료하는 일이 중요하다.

　증상을 완화시키기 위해 클로나제팜(clonazepam)이라는 약물을 사용한다.

벤조다이아제핀 계열에 속하는 클로나제팜은 신경 흥분을 억제해 뇌전증(간질), 발작, 공황장애의 치료에 쓰이는 약물인데, 렘수면 관련 이상행동을 조절하는 데에도 효과적이다. 한편 멜라토닌이 렘수면 행동장애의 증상을 완화하는 데 도움을 준다는 연구 결과도 있다.

반복성 단발수면마비

반복성 단발수면마비란 기면병의 주요 증상 가운데 수면마비 하나만 반복해서 나타나는 수면 중 사건을 지칭한다. 취침 직후 혹은 기상할 때 몸이 마비되면서 마치 무시무시한 꿈을 꾸는 듯한 환각적인 경험을 동반할 때가 많다. 수면마비를 처음 경험하는 사람은 자신의 의지대로 몸을 움직일 수 없다는 사실에 극심한 공포감을 호소한다. 이런 수면마비 증상은 짧게는 몇 초에서 길게는 몇 분까지 지속되다가 대개 저절로 회복된다.

중추성 과다수면증의 대표 질환인 기면병 항목에서도 소개했듯이, 수면마비는 기면병에서도 나타날 수 있지만, 기면병의 경우 주간에 수면발작 증상이 동반된다. 수면발작 없이 수면마비 증상만 반복적으로 나타날 때는 반복성 단발수면마비라고 한다.

수면마비를 흔히 가위눌림(☞143쪽)이라고 부르는데 대체로 가위눌림은 수면 시간이 부족할 때, 수면-각성 주기가 불규칙할 때, 신체적 혹은 정신적 스

트레스가 심할 때 나타날 수 있다. 아울러 시각적으로 강렬한 자극에 노출되거나 각성제를 남용해도 수면마비를 유발할 수 있다. 수면마비가 단독으로 출현할 때는 질환으로 인식하지 않지만, 심각한 증상이 매우 빈번하게 지속됨으로써 생활에 불편을 초래한다면 정확한 검사와 진단을 받고 생활 지도와 함께 적절한 치료를 받아야 한다.

악몽장애

무서운 꿈은 누구나 경험하는 일이다. 하지만 악몽을 반복적으로 경험하고 악몽으로 인해 잠에서 깨며, 각성 후에는 다시 수면을 취하기 어려운 상태를 '악몽장애'라고 한다. 보통 꿈은 렘수면 단계에서 나타나기 때문에 악몽장애도 렘수면 관련 사건수면에 속한다.

일반적으로 악몽을 꾸는 횟수가 매우 빈번하지 않다면 특별한 치료 없이 경과를 지켜보는 것으로 충분하다. 하지만 단순히 악몽에 그치지 않고 일상에서 다양한 문제를 동반한다면 전문의와 상담할 필요가 있다. 또 외상 후 스트레스장애(PTSD; Post Traumatic Stress Disorder)와 관련해 악몽이 출현하기도 한다. 예를 들어 대형 참사나 자연재해 등으로 정신적인 충격을 심하게 받은 사람이 사건을 겪은 후에 불면이나 '플래시백(flashback, 사건 상황이 생생하게 떠올라 극심한 불안과 공포감을 느끼는 재경험 현상)' 증상과 함께 반복적인 악몽을 경험할 때는 심리치료를 염두에 두어야 한다.

악몽장애의 경우 잠에서 깨어난 뒤 의식이 또렷하게 돌아오고, 각성 후에 불안과 공포가 여전히 남아 있는 상태에서 악몽의 내용을 구체적으로 말할 수 있으며, 대체로 다음날 아침에도 꿈을 선명하게 기억하고 있다는 점에서 야경증과 다르다.

기타 사건수면

야뇨증

야뇨증이란 낮 동안에는 소변을 잘 가리다가 밤에 자다가 무의식적으로 소변을 자주 지리는 증상을 말한다. 일찌감치 기저귀를 떼고 밤에도 실수하지 않는 아이가 있는 반면, 초등학교 고학년이 되어도 이불에 실례하는 아이가 있다. 하지만 성장하면서 야뇨증은 사라지기 때문에 대부분 질병으로 인식하지 않는다.

흔히 초등학교에 들어가면 야뇨증이 저절로 낫는다고 하지만, 초등학교 6학년 학생 가운데 5~10%의 아이들이 야뇨증을 경험한다는 통계도 있으므로 초등학생이 실수하더라도 지나치게 걱정할 필요는 없을 것 같다. 다만 초등학생이 되면 캠프 활동이나 수학여행 등으로 집 밖에서 잠을 자야 할 때도 있으니 야뇨증 때문에 아이의 학교생활이 위축될까 걱정이 된다면 단체생활을 시작하기 전에 야뇨증 치료를 고려해야 한다.

● 원인과 메커니즘

야뇨증의 원인은 정확하게 밝혀지지 않았지만, 유전적 요소와 밀접한 관련이 있는 것으로 알려져 있다. 야뇨증이 발생하는 메커니즘으로는 소변이 마려도 일어나지 못하는 각성장애가 있을 때, 방광의 용량이 작아서 잠자는 동안

표 3-24 :: 야뇨증의 진단 기준(ICSD-2)

일차성 야뇨증	• 환자는 만 5세 이상이다.
	• 환자는 일주일에 적어도 2회 이상 수면 중 비자발적인 배뇨를 반복한다.
	• 지금까지 수면 중에 소변을 가린 적이 없다.
이차성 야뇨증	• 환자는 만 5세 이상이다.
	• 환자는 일주일에 적어도 2회 이상 수면 중 비자발적인 배뇨를 반복한다.
	• 이전에 적어도 6개월 동안은 수면 중에 소변을 지린 적이 없다.

소변을 충분히 저장해두지 못하는 경우, 보통 야간에 분비되어 소변 양을 줄이는 항이뇨호르몬 분비가 충분하지 않을 때 등을 꼽을 수 있다. 또 잠들기 직전에 수분을 과도하게 섭취하면 야뇨증이 유발되기도 한다.

● 치료

야뇨증의 증상을 완화하려면 저녁식사 후에 수분 섭취를 줄이는 생활 지도와 더불어 세 가지 치료법을 고려해야 한다. 첫째, 속옷이 소변에 젖으면 경보가 울리는 장치를 부착하고 잠자리에 들게 해서 소변을 보고 싶을 때는 잠에서 깨도록 유도하는 방법이다. 둘째, 이미프라민(imipramine) 등의 항우울제를 복용하는 방법이다. 이때 항우울제 처방은 우울증을 치료하기 위함이 아니다. 항우울제의 부작용 가운데 배뇨 곤란이 있어서 이를 야뇨증 치료에 이용하는 것이다. 세 번째 방법은 항이뇨제를 이용한 약물치료다. 항이뇨제는 경구로 복용하거나 콧구멍에 뿌리는 점비제 등 투약 방법이 다양하며, 항이뇨제로 소변 양을 줄이면 배뇨 횟수도 자연스럽게 줄어들게 된다.

아이가 이불에 실례하면 오줌싸개라고 놀리거나 심하게 혼내는 부모가 있다. 그런데 야뇨증은 아이가 어른을 골탕 먹이려고 일부러 하는 행동이 아니다. 물론 한밤중에 깨서 아이 옷을 갈아입히고 이부자리를 새로 갈아줘야 하는 불편함은 이루 말할 수 없겠지만, 조금만 인내심을 갖고 아이의 성장을 지켜봐주었으면 한다. '도대체 언제까지 이불에 오줌을 쌀까?' 하며 아이의 장래를 걱정하는 부모도 있겠지만 어른이 되면 대부분 치유가 된다. 그러니 아이가 죄책감을 갖지 않도록 부모는 아이를 안심시키고 보듬어주며, 조금이라도 야뇨 횟수가 줄어들면 듬뿍 칭찬해주는 일이 치료에 효과적이다.

수면 관련 식이장애

한밤중에 일어나서 냉장고 문을 열고 닥치는 대로 폭식하는 질환이 수면 관련 식이장애(SRED; Sleep Related Eating Disorder)다. 간밤에 폭식한 일을 전혀 기억하지 못하기도 한다. 음식을 섭취할 때 충분히 익히지 않은 상태로 먹거나 냉동 피자나 식빵을 덩어리째 먹거나, 심지어 먹어서는 안 되는 물질을 삼키는 식으로 이상행동을 보인다. 간혹 폭식장애와 함께 수면 관련 식이장애가 나타나기도 한다.

얼핏 보면 논렘수면 단계에서 각성했을 때 나타나는 행동장애와 증상이 비슷하지만, 수면 관련 식이장애의 경우 환자가 음식 섭취와 관련해 강박관념이 있어서 야간 각성 도중에 제어할 수 없는 섭식 욕구가 행동으로 드러난다. 한편 이와 같은 병리가 적용되지 않고 야간 섭식 증상만 나타나는 증례도 있다. 야간에 폭식하는 증상과 관련해서는 '클라인-레빈 증후군'(☞145쪽)과 구별해야 한다.

치료에 쓰이는 약물 가운데 뇌전증 치료제인 토피라메이트(topiramate)가 수면 관련 식이장애의 증상 완화에 효과적이라는 연구 결과가 있다.

표 3-25 ▌▌ 수면 관련 식이장애의 진단 기준(ICSD-2)

A. 비자발적인 섭식 삽화가 주요 수면 시간대에 반복 발생한다.

B. 비자발적인 섭식 삽화가 반복되면서 다음 중 한 가지 이상이 나타나야 한다.

　ⅰ) 음식물, 비식용 물질, 독성물질을 독특한 형태나 조합으로 섭취

　ⅱ) 반복적인 섭식 삽화가 유발하는 수면 중단과 관련해 불면이 나타나고, 개운하지 못한 수면, 낮시간대의 피로 또는 주간졸림을 호소

　ⅲ) 수면과 관련된 부상

　ⅳ) 음식을 찾거나 조리하는 동안 위험한 행동을 함

　ⅴ) 아침의 식욕부진

　ⅵ) 고열량 음식을 반복해 폭식함으로써 건강에 나쁜 영향을 줌

C. 이 수면 문제는 다른 수면장애, 신체 질환 또는 신경 질환, 정신 질환, 약물 사용이나 물질 사용 장애로 설명되지 않는다.

사건수면
수면 중의 문제

- 사건수면은 수면과 관련된 다양한 문제를 통칭하는 말이다.

- 논렘수면 단계에서 갑자기 각성에 이르렀을 때 발생하는 각성장애는 각성 후 행동 유형에 따라 혼돈성 각성, 몽유병, 야경증으로 나눌 수 있다.

- 렘수면 단계에서 발생하는 사건수면으로는 렘수면 행동장애가 있다.

- 흔히 볼 수 있는 가위눌림과 야뇨증도 사건수면에 속한다.

- 한밤중에 일어나서 폭식과 관련된 이상행동을 되풀이하지만 아침에 각성했을 때는 제대로 기억하지 못하는 희귀 질환을 수면 관련 식이장애라고 한다.

3.6 수면 관련 운동장애
하지불안증후군, 주기성 사지운동장애, 다리 경련, 이갈이, 율동성 운동장애

수면의 질이나 수면 시간대에서 비롯된 수면 문제가 아닌, 수면과 함께 나타나는 사건 가운데 하지불안증후군, 주기성 사지운동장애 등 수면을 방해하는 움직임의 경우 ICSD−2에서는 '수면 관련 운동장애'로 구분해서 분류하고 있다.

하지불안증후군과 주기성 사지운동장애

잠을 자려고 누우면 다리 안쪽으로 마치 벌레가 기어가는 것 같아 불쾌하다. 이때 다리를 움직이면 증상이 사라지는 것 같지만, 그 효과는 오래 지속되지 않는다. 결과적으로 불편한 느낌이 반복되면서 잠을 제대로 이루지 못하는데, 이와 같은 수면 관련 운동장애를 하지불안증후군(RLS; Restless Legs Syndrome)이라고 한다. 한편 잠자는 동안 주기적으로 팔다리를 움찔 움직이면서 숙면을 취하지 못하는 수면 질환을 주기성 사지운동장애(PLMD; Periodic

Limb Movement Disorder)라고 부른다.

하지불안증후군과 주기성 사지운동장애는 서로 다른 질환이지만 증상이 동시에 나타날 때가 많고 치료법도 공통점이 있기 때문에 비슷한 원인에서 비롯된 질환으로 추정하고 있다.

대체로 이들 질환은 나이가 들수록 발병률이 높아지는 것으로 알려져 있다. 미국에서 실시한 조사에서는 전체 인구 가운데 8% 정도가 이 질환을 앓고 있다고 한다. 아울러 아시아인보다 서양인의 유병률이 더 높다는 연구 결과도 있다.

하지불안증후군

● 증상

하지불안증후군의 주된 증상은 가만히 누워 있을 때 다리를 움직일 수밖에 없는 불쾌감 내지 불편한 느낌을 호소한다는 점이다. 다리를 움직이고 싶은 충동이 거부할 수 없을 정도로 강렬하게 나타나는데, 다리를 움직이면 바로 스멀스멀 벌레 기어가는 느낌이 일시적으로 사라진다.

움직임 충동은 보통 저녁부터 밤에 걸쳐 나타나고, 새벽녘에는 증상이 가벼워진다. 저녁에는 침대에 눕지 않더라도, 예를 들면 의자에 앉아서 다리를 움직이지 않고 책을 읽거나 컴퓨터 앞에 가만히 앉아 있을 때도 불편한 느낌이 살아날 수 있다. 주로 다리에 증상이 나타나지만, 팔에도 드물게 나타난다.

잠자리에서 불쾌감을 경험하면 잠을 이루기가 힘들기 때문에 주간졸림이

스멀스멀, 근질근질

표 3-26 ▓▓ 하지불안증후군의 진단 기준(ICSD-2)

성인 환자의 진단(만 12세 이상)

A. 다리를 움직이고 싶은 강렬한 충동을 호소한다. 보통 다리에 불편하고 불쾌한 감각이 동반되거나, 이런 감각 때문에 다리를 움직이고 싶은 충동이 매우 강하게 나타난다.

B. 움직이려는 충동이나 불쾌감은 휴식 중, 잠자리에 누웠을 때나 앉아 있을 때 등 가만히 휴식을 취할 때 시작되거나 악화된다.

C. 움직이려는 충동이나 불쾌감은 걷거나 몸을 쭉 펴는 움직임을 통해 증상이 부분적 또는 전체적으로 사라진다.

D. 움직이려는 충동이나 불쾌감은 저녁이나 밤에 심해지거나, 저녁이나 밤에만 나타난다.

E. 이 수면 문제는 다른 수면장애, 신체 질환 또는 신경 질환, 정신 질환, 약물 사용이나 물질 사용 장애로 설명되지 않는다.

심해진다. 하지만 하지불안증후군의 경우, 불편한 느낌이 매우 강렬하다 보니 환자는 주간졸림보다 벌레 기어가는 느낌만 호소할 때가 더 많다. 하지불안증후군은 중년 이후에 흔히 볼 수 있지만, 아동기에도 발병할 수 있다.

● **원인**

하지불안증후군의 발병 원인은 아직 정확하게 밝혀지지 않았다. 가족력을 보이는 사례가 많아서 유전적 요소가 관여할 것이라는 추측도 있지만 유전과 전혀 상관없을 때도 많다. 또 임신 후기에 하지불안증후군이 나타나는 사례도 있다.

그 밖에 신장 질환으로 투석 치료를 받고 있을 때도 다리를 움직이고 싶은 충동이 생긴다는 보고가 있다. 혈액 속에 철분이 부족할 때 증상이 나타나기도 하는데, 이때는 철분을 보충하는 치료가 필요하다.

● **진단**

증상이 특이하므로 다른 수면 질환보다는 비교적 쉽게 진단을 내릴 수 있다.

질환의 정도를 알아보기 위해 문진 이외에도 야간 수면다원검사를 진행하는데, 수면 중 근전도 장치를 부착하고 사지(주로 다리)의 움직임을 관찰하면 그 기록을 통해 언제 다리를 움직였는지 확실하게 알 수 있다.

하지불안증후군을 호소하는 환자 가운데 약 80%가 다음에 소개할 주기성 사지운동장애를 동반한다는 보고도 있어서 근전도 이외에 수면 중 손발의 움직임을 동영상으로 촬영해서 기록하기도 한다.

주기성 사지운동장애

주기성 사지운동장애란 수면 중에 반복적인 다리의 움직임이 주기적으로 나타나면서 수면 곤란이나 피로감을 호소하는 수면 질환을 말한다. 이와 같은 움직임은 배우자나 가족 등 침실을 같이 쓰는 사람이 주로 발견한다. 발가락을 움찔 움직이거나 발목을 앞으로 꺾거나 무릎을 굽혔다 폈다 하는 움직임, 하체 혹은 상체 전체를 움직이거나 얼굴 근육의 움직임을 동반할 때도 있다. 발을 세게 차기도 하는데, 이 과정에서 같이 잠을 자던 사람이 깜짝 놀라거나 다칠 수 있다. 발을 차지 않더라도 움직임이 심하면 옆 사람의 수면을 방해하게 된다. 심할 때는 이런 증상이 1시간에 50회나 나타난다.

주기성 사지운동장애는 하지불안증후군과 마찬가지로 노년기에 더 많이 발병한다. 사지의 움직임이 심해지면 숙면을 취할 수 없어서 심각한 주간졸림을 호소하기도 한다.

하지불안증후군과 주기성 사지운동장애의 치료

하지불안증후군 증상이 있을 때 자전거 타기나 스트레칭을 하면 증상이 한결 가벼워진다는 환자를 만난 적이 있다. 다리를 따뜻하게 찜질하거나 냉찜질을 해도 증상을 완화시킬 수 있다. 하지만 이런 방법은 사람마다 효과가 달라서 자신에게 맞는 방법을 찾는 일이 필요할지도 모른다. 만약 증상이 심하지 않다면 적절한 운동과 규칙적인 생활습관, 수면위생으로 불편한 증상을 조절할 수 있다.

비약물치료로 증상이 완화되지 않을 때는 전문가에게 진료를 받고 약물치료를 하는 쪽이 바람직하다. 하지불안증후군이나 주기성 사지운동장애의 치료에는 신경전달물질인 도파민 시스템을 활성화시키는 약물, 클로나제팜 또는 가바(GABA) 활동을 증강시키는 가바펜틴 에나카빌(Gabapentin enacarbil)을 처방한다. 한편 피부에 붙이는 패치용 도파민 수용체 작용제인 로티고틴(rotigotine)도 이용된다. 철분이 부족할 때는 철분 보충제를 섭취해야 한다. 이들 약물치료는 증상 호전에 크게 도움을 주는 것으로 알려져 있다. 따라서 불편한 증상이 나타날 때는 참지 말고 의사의 정확한 진단과 적절한 치료를 받았으면 한다.

수면 관련 다리 경련

'수면 관련 다리 경련'은 잠자는 도중에 다리나 발에 갑자기 근육 수축이 일어나면서 생기는 불편한 느낌을 말한다. 흔히 '다리에 쥐가 난다'고 표현하는 다리 경련은 중년층 이상이라면 적어도 한 번쯤은 경험했을 정도로 흔한 증상이다. 수면 관련 다리 경련은 수면 도중뿐만 아니라 각성 중에도 생길 수 있는데, 주로 밤에 나타나며 몇 초에서 몇 분 동안 근육 수축이 지속되다가 저절로 회복된다. 다리 경련의 빈도는 아주 드물게 나타날 때도 있고, 밤잠을 설칠 만큼 하룻밤에 여러 번 발생하기도 한다.

수면 관련 다리 경련의 확실한 치료법은 아직 개발되지 않았다. 매일 적당한 운동을 하고 잠자기 전에 스트레칭을 충분히 하는 것이 증상 완화에 도움이 된다고 알려져 있다.

수면 관련 이갈이

수면 관련 이갈이는 잠자는 동안 으드득으드득 이를 갈거나 치아를 악무는 증상을 말한다. 이갈이가 야간 수면 자체를 방해하는 일은 드물고, 주간 졸림을 유발하는 일도 많지 않다. 단, 치아가 마모되고 치통, 턱 근육의 통증을 야기할 수 있다. 또 이갈이 소리가 클 때는 같은 침실을 쓰는 가족이 심한 불쾌감을 느끼거나 수면을 방해받을 수 있다. 이런 이유로 고민하는 사람이 의외로 많은데, 수면 관련 이갈이는 주로 아동기에 흔히 나타나며 연령 증가와 함께 줄어드는 편이다.

수면 관련 이갈이의 치료법으로는 벤조다이아제핀 계열 수면제 가운데 근

표 3-27 ▪▪ **수면 관련 이갈이의 진단 기준(ICSD-2)**

A. 환자가 수면 중에 이를 갈거나 이를 악무는 증상을 호소한다. 또는 그런 증상을 자각한다.

B. 다음 중 한 가지 이상의 증상이 나타난다.
　ⅰ) 비정상적인 치아 마모
　ⅱ) 아침에 기상할 때 아래턱 근육의 불쾌감, 피로감, 통증을 느끼거나 입을 벌리기가 어려움
　ⅲ) 의도적으로 이를 강하게 악물었을 때 턱 근육의 비대

C. 이 수면 문제는 다른 수면장애, 신체 질환 또는 신경 질환, 정신 질환, 약물 사용이나 물질 사용 장애로 설명되지 않는다.

육 이완 작용이 강한 약물을 이용하거나, 마우스피스를 사용하거나, 턱 근육을 이완시키는 운동(입을 크게 벌리는 등)을 권장하고 있다. 마우스피스는 이갈이 완화에 효과가 있지만, 수면 중 착용이 불편하다는 단점 때문에 지속적으로 사용하는 환자가 드문 것 같다.

수면 관련 율동성 운동장애

수면 관련 율동성 운동장애는 영유아기에 흔히 볼 수 있는 행동으로, 잠을 자다가 몸을 리듬감 있게 흔들거나, 엎드려 자다가 고개를 들었다가 내리는 동작을 율동처럼 반복하는 증상을 말한다. 수면 관련 율동성 운동장애와 관련된 동작은 다양한 유형이 있는데, 대개 만 5세가 지나면 증상이 사라진다.

수면 관련 율동성 운동장애가 외상 등의 문제를 야기하는 일이 거의 없기 때문에 병원에서는 증상이 심각하지 않을 경우 질환으로 간주하지 않고 경과를 관찰하는 정도에서 치료를 그치는 사례도 많다.

수면 관련 운동장애
하지불안증후군, 주기성 사지운동장애,
다리 경련, 이갈이, 율동성 운동장애

- 수면 관련 운동장애란 잠자는 도중에 수면을 방해하는 움직임을 특징으로 하는 질환을 통틀어서 부르는 명칭이다.

- 잠을 자려고 누웠을 때 다리에 불쾌감과 불편한 느낌이 몰려와서 잠을 자지 못하는 수면 문제를 하지불안증후군이라고 한다.

- 수면 중에 자신도 모르게 다리가 움찔 움직이기 때문에 수면이 방해받는 질환을 주기성 사지운동장애라고 부른다.

- 하지불안증후군과 주기성 사지운동장애는 증상이 동시에 나타날 때가 많고 치료법도 비슷하다.

- 수면 중에 다리에서 쥐가 나는 수면 관련 다리 경련, 수면 시간에 이를 갈거나 악무는 수면 관련 이갈이, 자다가 몸이나 고개를 리듬감 있게 흔드는 율동성 운동장애도 수면 관련 운동장애에 속한다.

불면

- 불면을 자각했다면 불면 증상이 하룻밤의 어떤 시간대에 일어나는지를 확실하게 구분해야 한다. 밤에 잠들기가 어려운지, 수면 도중에 깨는지, 이른 새벽에 기상하는지 등의 증상에 따라 진단명이 달라지기 때문이다.

- 밤에 잠들기 어려운 입면장애의 경우 '정신생리성 불면증'을 생각해볼 수 있다. 이를 진단하기 위해서는 수면과 관련해 어떤 태도를 취하는지를 진지하게 생각해봐야 한다. 또 잠자기 전에 커피나 카페인이 들어간 음료를 마시거나 방의 조명이 지나치게 밝거나 취침 전에 과격한 운동을 하는지를 살피면서 수면 환경을 점검해볼 필요가 있다. 요컨대 부적절한 수면위생이 불면 증상을 초래하지 않는지 살펴보는 것이다.

- 숙면을 취하지 못하고 하룻밤에도 몇 번이나 잠에서 깨어나는 중도각성과 관련해서는, 연령 증가에 따른 수면 형태의 변화가 원인이 될 수 있다. 이때는 수면 형태의 변화에 대해 알아보고 질병이 아님을 확인해야 한다. 또 빨리 잠들려고 알코올을 남용하는 사람이 있는데, 알코올은 중도각성을 유발하기 때문에 음주 여부도 확인한다. 중도각성은 우울증 등 정신 질환과의 연관성도 생각해야 하기 때문에 수면뿐만 아니라 전반적인 생활을 되돌아볼 필요가 있다.

- 이른 새벽에 깨어나서 다시 잠들지 못하는 조조각성은 우울증의 특징이지만, 간혹 일찍 잠자리에 드는 '조기 취침'이 조조각성을 불러오기도 한다. 실제 필자가 만난 노년층 환자 중에도 저녁 8시에 잠자리에 들어서 그다음 날 아침 6시까지 침대에 누워 있지만, 정작 새벽 3시 즈음에 눈이 떠져서 아주 괴롭다는 사람들이 꽤 있었다. 이처럼 이른 새벽에 깨어나는 조조각성은 노년층의 수면에서 흔히 볼 수 있는 일반적인 수면 양상이다. 대체로 노년기에 접어들면 일찍 자고 일찍 일어난다고 앞에서 설명했는데, 이를 질병으로 오해하는 사례도 많기 때문에 유념할 필요가 있다.

- 실제로 잠을 잘 자지만 당사자는 잠을 제대로 못 잔다고 호소하는 사람도 있다. 이들 가운데는 낮시간의 신경증 문제도 있어서 오히려 불안장애를 치료하는 쪽이 수면 문제 해결에 도움이 된다.

주간졸림, 과다수면

- 주간졸림 증상을 호소할 때는 야간에 숙면을 취하지 못하는 상황을 먼저 떠올리게 된다. 만약 주간졸림과 함께 비만이나 아래턱이 작은 특징을 갖고 있다면 수면무호흡증을 생각해봄직하다. 이때는 침실을 같이 쓰는 가족에게 코골이 소리나 잠자는 동안의 모습을 물어보면 질환을 대강 파악할 수 있다.

- 주간에 갑자기 잠에 빠지는 수면발작이 있을 때는 기면병을 의심해볼 수 있다. 심각한 졸림뿐만 아니라, 아무리 노력해도 졸림을 떨쳐낼 수 없는 증상도 기면병의 주요 증상이다. 또한 수면발작과 함께 탈력발작, 입면환각 등이 동반되면 기면병일 확률은 더욱 높아진다.

- 심각한 주간졸림 이외에 별다른 증상이 없는 '특발성 과다수면증'도 치료의 대상이 된다.

수면 시간대의 문제

- 잠자는 시간대를 '수면위상'이라고 부른다. 규칙적인 수면위상을 실천하려고 노력해도 수면 시간대가 너무 빠르거나 너무 늦어질 때는 하루주기리듬 수면-각성장애를 생각해볼 수 있다. 환자에 따라서는 주간졸림을 호소하는 경우도 있어서 하루주기리듬 수면-각성장애와 과다수면증을 구분해서 진단해야 한다.

- 해외여행 등에서 항공편으로 장거리를 이동할 때 나타나는 시차증도 수면 시간대의 문제에 포함된다.

수면 중의 문제

● 잠자는 동안 생기는 '수면 중의 문제'로는 수면 도중에 갑자기 침대에서 일어나 돌아다니거나 고함을 지르는 등의 사건수면, 다리가 저릿하거나 다리를 움직이는 수면 관련 운동장애를 꼽을 수 있다. 이들 수면 문제는 대체로 특징적인 증상을 동반하므로, 관련 증상에 해당하는 본문 내용을 참고하면 도움이 될 것이다.

그림 ∷ 잠 못 이루게 하는 다양한 환경들

이처럼 개별 증상을 하나씩 구분해나가면 수면 문제가 어떤 종류인지 어떻게 해결하면 좋은지 대처 방안을 찾을 수 있다. 만약 짚이는 데가 있다면 본문을 다시 한 번 꼼꼼히 살펴보자. 자신의 수면 문제에 대한 정보는 물론이고, 수면 질환으로 괴로워하는 가족이나 친구들에게 조언을 줄 수 있을지도 모른다. 물론 치료를 위해서는 수면 전문의의 정확한 진단이 필수적인데, 이와 관련해서는 '제2장 수면 클리닉'을 참고하면 조금이나마 힌트를 얻을 수 있지 않을까 싶다.

제4장

수면제, 무엇을 어떻게 먹어야 할까?

수면제의 안전한 사용법부터 부작용까지

4.1 수면제 사용법

수면제 복용 여부 판단하기

수면제라는 단어를 들으면 "수면제는 되도록 피해야 하는 거 아닌가요?" 하며 반문하고 싶어질 것이다. 만약 약물이 증상 완화에 도움을 주지 못한다면 복용할 필요가 없지만, 약물을 통해 증상을 호전시킬 수 있다면 약물치료를 고려해야 한다. 물론 약물 복용의 여부는 환자가 임의로 판단하는 것이 아니라 전문의가 꼼꼼히 진단한 뒤에 정확하게 처방해야 한다.

특히 수면제를 이용한 약물치료에서는 불면 증세가 있느냐 없느냐를 단편적으로 따질 것이 아니라, 먼저 우울증 여부를 알아보는 일이 중요하다. 만약 다른 질병이 있어 그 영향으로 잠을 이루지 못한다면 불면의 원인이 되는 질병을 치료해야 할 것이고, 질병에 따라서는 수면제 처방이 오히려 해로울 수 있기 때문이다. 예를 들어 수면무호흡증 환자가 "아침에 일어나면 항상 머리가 무겁고 피로감이 남아 있어요. 밤에 푹 잘 수 있게 해주세요" 하고 증상을 호소할 때 수면제를 처방해준다면 수면제의 근육 이완 작용으로 무호흡이 더 심해진다. 수면 전문의가 아니면 이런 의학적 판단을 내리기 어렵다.

실제로 환자들을 만나보면 수면무호흡증 환자가 다른 진료과목 의사의 처방을 받고 수면제를 복용하거나, 하지불안증후군 환자가 정형외과에서 엉뚱한 치료를 받다가 치료 시기를 놓치거나, 심각한 중증 환자가 가벼운 수면제만 복용하다가 수면 클리닉을 찾는 등 안타까운 사례가 많다.

벤조다이아제핀 계열 약물의 작용 원리

수면제는 여러 종류가 개발되어 시판되고 있는데(표 4-1), 현재 병원에서 처방해주는 수면제는 대부분 벤조다이아제핀 계열 및 이와 유사 작용을 하는 약물이다. 벤조다이아제핀 계열 약물은 신경안정제나 뇌전증 치료제로도 이용되고 있다. 여기에서는 수면제로 쓰이는 벤조다이아제핀 계열의 약물을 주로 살펴본다.

벤조다이아제핀과 가바(GABA)

벤조다이아제핀 계열 약물은 신경세포와 신경세포의 접합부에 위치한 시냅스에 있는 벤조다이아제핀-가바(GABA)-클로라이드 채널 수용체 복합체

표 4-1 :: 수면제의 종류와 특징

약물 명칭, [ ]은 제품명 **		1일 용량(mg)	반감기(시간)	근육 이완 작용
바르비투르산 계열 수면제				
수면제	펜토바르비탈(pentobarbital) [넴뷰탈(Nembutal)]	100–200	15–48	
숙면제	아모바비탈(amobarbital) [아미탈(Amytal)]	100–500	16–24	
지속성 수면제	페노바르비탈(phenobarbital) [루미날(Luminal)]	30–200 **	53–118 **	
항히스타민제				
히드록시진(hydroxyzine) [아타락스(Atarax)]		20–75	7–20	
벤조다이아제핀 수용체 작용 수면제				
초단시간 작용형	트리아졸람(triazolam) [할시온(Halcion)]	0.125–0.25	2.9	+
	조피클론(zopiclone) [이모반(Imovane)]*	7.5–10	3.9	±
	졸피뎀(zolpidem) [스틸녹스(Stilnox)]*	5–10	1.8–2.3	±
	에스조피클론(eszopiclone) [루네스타(Lunesta)]*	1–3	약 5	±
단시간 작용형	에티졸람(etizolam) [데파스(Depas)]	0.5–3	6.3	+ +
	브로티졸람(brotizolam) [렌돌민(Lendormin)]	0.25	약 7	± ~ +
	리마자폰(rilmazafone) [리스미(Rhythmy)]	1–2	10.5	±
	로르메타제팜(lormetazepam) [로라메트(Loramet)]	1–2	약 10	+
중간 작용형	플루니트라제팜(flunitrazepam) [라제팜(Razepam)]	0.5–2	약 7	+ ~ + +
	니메타제팜(nimetazepam) [에리민(Erimin)]	3–5	26	+ + ~ + + +
	에스타졸람(estazolam) [에실간(esilgan)]	1–4	약 24	+ +
	니트라제팜(nitrazepam) [모가돈(Mogadon)]	5–10	25.1	+ ~ + +
장시간 작용형	플루라제팜(flurazepam) [달마돔(Dalmadorm)]	10–30	5.9 (미변화체) 23.6 (대사활성물질)	+ +
	할록사졸람(haloxazolam) [소메린(Somelin)]	5–10	24–72	+ ~ + +
	쿠아제팜(quazepam) [울란(Ulran)]	15–20 (30)	36.6 (공복 시) 31.9 (식후 30 분)	±
	에틸 로플라제페이트(Ethyl loflazepate) [빅손(Bigson)]	1–2	122 (제 1, 제 2 대사 활성물질의 합계)	+
멜라토닌 수용체 작용제				
라멜테온(ramelteon) [로제렘(Rozerem)]		4–8	1	

(*) 표시는 비(非)벤조다이아제핀 계열의 수면제
[참고: 도루 미치오, 《향정신성의약품 매뉴얼 제2판》(医学書院, 2001), 〈의학저널 2001년 8월호〉(Vol.37 No.8), 〈임상정신약리 제7권 2호〉 (Vol.7 No.2, 2004) 등을 일부 고쳐 실음.]

** **옮긴이 한마디!** 위의 표 가운데 일부 내용은 일본 출판사 홈페이지에 게시된 정오표를 보고 수정했음을 밝힌다. 아울러 [제품명]은 한국에서 주로 쓰이는 약물을 먼저 소개하고, 한국에서 시판되지 않는 약물은 서구의 제품명으로 대체했다.

에 작용한다(그림 4–1). 여기에서 '클로라이드(chloride)'란 염화물, 즉 염소이온
(Cl⁻)을 뜻한다. 벤조다이아제핀 계열 약물은 그 자체로는 신경세포에 아무

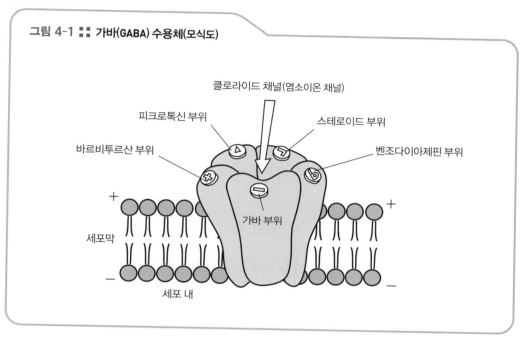

그림 4-1 ▪▪ 가바(GABA) 수용체(모식도)

클로라이드 채널(염소이온 채널)

피크로톡신 부위   스테로이드 부위

바르비투르산 부위   벤조다이아제핀 부위

가바 부위

세포막

＋   ＋

ー   ー

세포 내

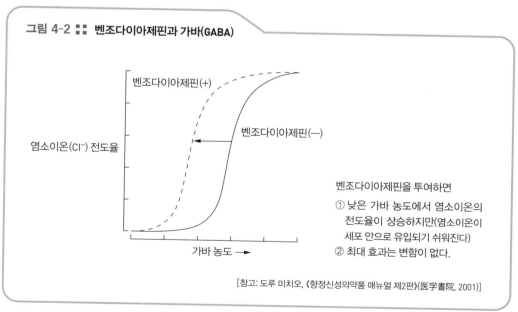

그림 4-2 ▪▪ 벤조다이아제핀과 가바(GABA)

벤조다이아제핀(＋)

벤조다이아제핀(ー)

염소이온(Cl⁻) 전도율

가바 농도 →

벤조다이아제핀을 투여하면

① 낮은 가바 농도에서 염소이온의
　전도율이 상승하지만(염소이온이
　세포 안으로 유입되기 쉬워진다)
② 최대 효과는 변함이 없다.

[참고: 도루 미치오, 《향정신성의약품 매뉴얼 제2판》(医学書院, 2001)]

런 영향도 끼치지 않는다. 하지만 수용체복합체 가운데 벤조다이아제핀 부위에 결합함으로써 가바 부위에서 가바가 더 결합하기 쉽게 만들어준다(그림 4-2). 따라서 같은 양의 가바가 분비되더라도 더 강력한 효과를 얻을 수 있는 것이다. 가바가 수용체 복합체 부위에 작용하면 염소이온 채널이 유리되고, 염소이온이 신경세포 안으로 유입된다. 신경세포 내부는 원래 마이너스 전하 (-70mV)를 띠는데, 염소이온이 들어오면 마이너스 전하가 더욱 강해진다. 이렇게 해서 신경 흥분이 억제되고 졸음이 몰려오거나, 신경안정제의 역할 혹은 신경의 과도한 흥분으로 생긴 뇌전증의 발작 치료에도 도움을 줄 수 있는 것이다.

벤조다이아제핀 수용체의 서브타입

뇌에는 벤조다이아제핀 계열 약물에 작용하는 수용체가 두 종류 있는데 각각 ω1 수용체, ω2 수용체라고 부른다. 이 가운데 ω1 수용체는 졸음을 불러오는 작용과 진정 작용에 관여하는 것으로 알려져 있다. ω2는 이완 작용과 항경련, 항불안 작용에 관여한다. 따라서 ω1 수용체에 작용하는 약물은 근육 이완의 부작용이 적다고 볼 수 있다.

수면제의 반감기

수용체에 대한 친화성과는 별도로 약에는 반감기라는 개념이 있다. 반감기란 약을 복용한 뒤 그 약이 몸에서 어느 정도의 속도로 분해되고 또 몸 밖으로 배출되는지를 표시한 수치를 말한다. 반감기가 짧은 약물의 경우 약물 성분이 몸 밖으로 빨리 빠져나간다. 약물의 작용 시간에 따라 초단시간 작용형, 단시간 작용형, 중간 작용형, 장시간 작용형 등으로 분류되는데(☞206쪽 표 4-1), 이 가운데 초단시간 작용형은 수면유도제로 사용되고 있다. 또 수면 유지와 관련해서는 중간형보다 장시간 작용형의 약물이 주로 쓰인다.

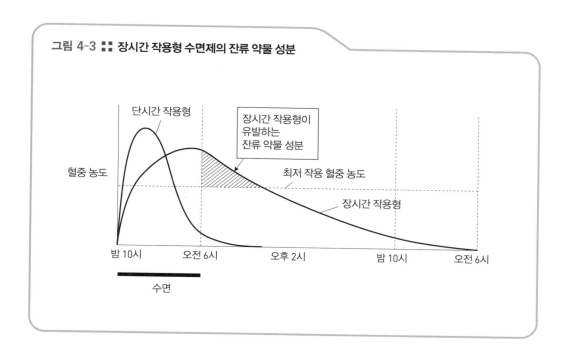

그림 4-3 ▪▪ 장시간 작용형 수면제의 잔류 약물 성분

약물 복용 후 다음날 아침에는 혈중 농도가 떨어지는 초단시간 작용형의 수면제가 부작용이 적을 것 같지만, 반드시 그렇지만은 않다. 예를 들어 이른 새벽에 깨어나 다시 잠을 이루지 못하는 조조각성형 불면증의 경우 초단시간 작용형 약물은 효과가 거의 없다. 오히려 장시간 작용하는 약물을 통해 불면 증상을 개선할 수 있다. 한편 시차증 치료에서는 장시간 작용형 수면제 처방이 바람직하지 않다. 또 장시간 작용형 수면제는 그 다음날까지 약물 효과가 남아서 낮에 부작용을 일으킬 수도 있다(그림 4-3).

이들 수면제를 선택하려면 전문적인 지식이 필요하다. 간혹 가족이 처방받은 수면제를 함께 복용하는 경우가 있는데, 직접 전문의의 진료를 받고 자신의 증상에 맞는 수면제를 처방받아야 부작용 없이 불면을 극복할 수 있다.

4.2 수면제 처방 시 유념할 것들

불면 증상에 맞는 수면제 선택하기

불면에는 여러 종류가 있다. 밤에 잠을 이루지 못하는 시간대에 따라 증상을 분류하면 수면 개시가 어려운 '입면 곤란', 일단 잠이 들지만 수면 도중에 자주 깨는 바람에 안정된 수면을 취하지 못하는 '중도각성', 지나치게 이른 시간(새벽 2~3시)에 잠에서 깨어난 뒤로 다시 잠을 이루지 못하는 '조조각성' 등이 있다. 따라서 불면 증상의 특징을 파악하는 일이 수면제를 선택하는 데 매우 중요하다.

입면 곤란, 즉 좀처럼 잠이 들지 못하는 불면증을 치료하기 위해서는 초단시간형이나 단시간형 수면제를 처방한다. 이들 약물은 신속하게 효능이 나타나고 빨리 체외로 배출되기 때문에 아침 각성 시간에는 약물의 영향을 거의 받지 않는다. 요컨대 잠들 때만 수면제의 도움을 받고, 일단 잠이 든 후에는 자연스러운 수면 과정을 거치는 셈이다. 다만, 단순히 입면 곤란의 증상만 있더라도 수면제가 없으면 증상이 나아지지 않을 때는 약물 투여가 장기간 이어지기도 한다. 더욱이 초단시간형이나 단시간형 수면제는 장기간 복용할 경우 약을 중단할 때(이탈기) '반동성 불면' 등의 부작용이 생길 수 있다(☞218쪽). 대체로 약물의 혈중 농도가 빨리 감소하는 약물을 선호하지만, 약물의 감량과 중단을 고려했을 때는 중간 작용형 약제로 변경한 후 복용을 중단하는 방법이 주로 쓰인다.

중도각성과 조조각성은 수면 개시 이후에 생기는 불면으로, 긴 시간 동안 약물의 작용이 필요하기 때문에 보통 장시간형 수면제를 처방한다. 조조각성은 우울증을 동반할 때가 많기 때문에 불면 증상에만 주목할 것이 아니라 조조각성의 배경이 되는 질병을 주의 깊게 살펴보는 일이 무엇보다 중요하다.

수면제의 혈중 농도와 효과

수면제의 반감기는 짧은 것은 2시간 정도이고, 긴 것은 24시간 이상 체내에 영향을 미치는 약물도 있다. 만약 매일 같은 시각에 약을 복용한다면 그림 A에 나타났듯이, 약물의 혈중 농도는 조금씩 일정한 상태에 도달하게 된다. 또 첫 번째 복약으로 인한 최고 혈중 농도보다 다소 높은 혈중 농도 상태로 일상생활을 영위하게 된다. 이처럼 주간의 혈중 농도가 일정 농도 이상이라도 괜찮을까?

밤에 복용한 수면제가 다음 날 낮 동안에 끼치는 영향은 주간졸림이나 나른함 등이 있는데, 대체로 심각한 문제를 야기하지 않는 것으로 나타났다. 수면제의 미비한 영향은 212쪽 그림 B에 소개했듯이, 수면이 두 가지 과정으로 제어된다는 점에서 충분히 설명할 수 있다. 먼저 그림 B에 굵은 선으로 표시한 수면 과정은 잠을 자지 않으면 점점 졸림이 심해지는 수면의 욕구를 나타

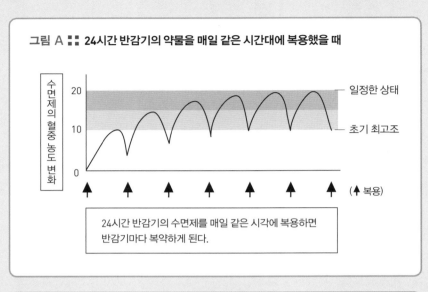

그림 A ▪▪ 24시간 반감기의 약물을 매일 같은 시간대에 복용했을 때

수면제의 혈중 농도 변화

20

10

0

일정한 상태

초기 최고조

(↑ 복용)

24시간 반감기의 수면제를 매일 같은 시각에 복용하면 반감기마다 복약하게 된다.

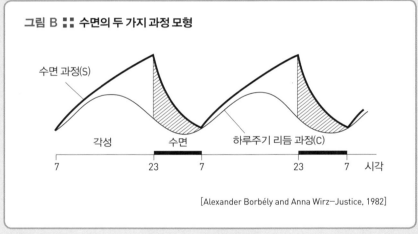

그림 B ▪▪ 수면의 두 가지 과정 모형

수면 과정(S)

각성   수면   하루주기 리듬 과정(C)

7   23   7   23   7   시각

[Alexander Borbély and Anna Wirz—Justice, 1982]

낸다. 한편 가는 선으로 표시한, 또 하나의 수면 과정은 하루주기 리듬에 따라 수면과 각성이 이루어지는 과정을 말하며, 하루 24시간의 시간 변화가 졸림을 유발하는 요인으로 작용한다. 실제로 두 가지 과정이 수면을 조절한다는 사실은 수면박탈 가운데 과제 수행 능력의 변화를 알아보는 실험에서도 확인되고 있다.

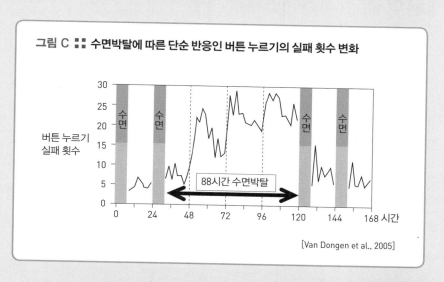

그림 C :: 수면박탈에 따른 단순 반응인 버튼 누르기의 실패 횟수 변화

버튼 누르기
실패 횟수

88시간 수면박탈

[Van Dongen et al., 2005]

그림 C는 88시간 동안의 수면박탈 실험에서 모니터 화면에 동그라미 표시가 나타나면 곧바로 버튼을 누르는 단순 반응 과제를 수행할 때 졸림 때문에 실패하는 횟수를 간략하게 표시한 그림이다. 수면박탈이 이어지면서 실패 횟수가 늘어나는데, 24시간 주기에 따라서도 자극 반응 정도에 변화가 있음을 알 수 있다. 이것이 하루주기 리듬의 수면 과정이다.

수면제는 원래 인체가 갖추고 있는 24시간 수면-각성 주기와 연동해서 작용한다. 전날 충분히 잠을 잤다면 생체리듬에 따라 주간졸림은 거의 없기 때문에 혈중 농도가 일정량 남아 있더라도 수면제 복용이 다음 날의 각성에 심각한 문제를 일으키지 않는 것이다. 또 수면제의 종류에 따라서는 $\omega 2$ 수용체에 작용해 항불안 효과를 내는 약물이 있어서 낮 동안의 불안감을 덜어주는 역할도 기대할 수 있다.

장시간 작용형 수면제를 복용할 때는 잔류 약물 성분을 주의할 필요가 있지만, 이와 같은 생체리듬과의 연관성에서 수면제의 후유증이 크게 영향을 끼치지 않을 수도 있다. 결과적으로 수면의학 전문의는 다양한 상황을 두루 살피면서 환자에게 가장 적합한 수면제를 처방한다.

항불안제, 항히스타민제의 복용

불면증의 원인으로 수면 자체에 대한 불안감을 꼽을 수 있다. 해질 무렵부터 '오늘 밤에도 잠을 못 자면 어쩌지?' 하는 불안, 초조감이 늘어나서 저녁 시간대를 편안한 마음으로 보내지 못하는 사람도 있다. 이때는 수면제와 함께 주간 혹은 저녁에 항불안제를 복용하기도 한다.

지극히 가벼운 불면의 경우 알레르기성 반응에 관여하는 히스타민의 작용을 억제하는 항히스타민제가 도움을 줄 수 있다. 불면 증상이 아주 경미해서 병원을 찾을 정도가 아니라면 약국에서 판매하는 항히스타민제를 복용해볼 수도 있을 것이다. 하지만 불면증이 지속된다면 반드시 수면 전문의를 찾아서 정확한 진료를 받아야 한다.

노년층의 수면제 복용

노년층은 약물의 체외 배설 기능이 청년층보다 약하기 때문에 약물이 체내에 오랫동안 축적된다. 따라서 노년기에 접어들수록 약물의 복용량을 줄여야 한다. 장기간에 걸쳐 수면제를 복용하는 노인의 경우 젊은 시절과 똑같은 양을 복용하면 더 많은 양이 체내에 축적되어 너무 강력한 효능 때문에 오히려 부작용이 생길 수 있다. 이를 방지하기 위해 의사는 약물의 종류와 복용량을 종종 변경하기도 한다.

4.3 주요 수면제의 특징

트리아졸람[제품명: 할시온(Halcion)]

트리아졸람(triazolam)은 초단시간 작용형 수면제의 대표적인 약물로 지극히 소량으로도 강력한 효능이 나타난다. 예전에는 빈번하게 사용했지만, 반동성 불면이 생기기 쉽고 기억장애 등의 부작용이 발생할 우려가 있어서 처방 전에 충분히 고려한다. 아주 적은 양을 복용하는 것이 안전하며, 자몽 주스가 약물의 작용을 강화시킬 수 있으므로 조심해야 한다.

졸피뎀[제품명: 스틸녹스(Stilnox)]

졸피뎀(zolpidem)은 이미다조피리딘(imidazopyridine) 계열의 수면제로 벤조다이아제핀 계열은 아니다. 하지만 특이적으로 벤조다이아제핀 $\omega 1$ 수용체에 친화성을 띠고 $\omega 2$ 수용체에 대한 친화성은 약하기 때문에 항불안 작용이나 근육 이완 작용이 적다. 또 반감기가 2시간 정도로 초단시간 작용형이기 때문에 복용을 중단했을 때 반동성 불면이 적은 것은 장점으로 꼽힌다. 하지만 다른 수면제들과 마찬가지로 장기간 복용은 위험하다고 알려져 있다.

에스조피클론[제품명: 루네스타(Lunesta)]

에스조피클론(eszopiclone)은 사이클로피롤론(cyclopyrrolone) 계열의 수면제로 벤조다이아제핀 계열은 아니다. 조피클론(zopiclone)의 (S)-거울상 이성질체로, 졸피뎀과 마찬가지로 벤조다이아제핀 ω1 수용체에 특이적으로 친화성이 있고, ω2 수용체에 대한 친화성은 약하기 때문에 항불안 작용이나 근육 이완 작용은 약하다. 에스조피클론은 초단시간 작용형이지만 반감기가 약 5시간으로 비교적 길기 때문에 수면 개시 불면증뿐만 아니라 수면 유지 불면 증상에도 두루 사용할 수 있다. 실제 미국에서 가장 널리 처방되는 수면제 가운데 하나다. 복용한 다음 날 아침에는 입 안에서 약간 쓴맛이 느껴지기도 한다.

리마자폰[제품명: 리스미(Rhythmy)]

리마자폰(rilmazafone) 자체는 벤조다이아제핀 수용체에 영향을 끼치지 못한다. 하지만 리마자폰이 체내에서 신속하게 대사되어 다른 물질로 변하고, 이 변화된 물질이 벤조다이아제핀 수용체에 작용한다고 알려져 있다. 이처럼 물질이 체내에서 대사된 후에 생물학적인 효과 혹은 활성을 지닐 때가 있는데, 이런 물질을 '대사활성물질'이라고 부른다. 리마자폰의 대사활성물질은 모두 5가지이며, 이들 대사활성물질의 반감기가 리마자폰의 실질적인 반감기라고 할 수 있다. 일본에서 개발된 리마자폰은 반감기가 약 10시간 정도로 단시간 작용형에 속한다. 근육 이완 작용이 매우 약해 노년층에 적합하다.

로르메타제팜[제품명: 로라메트(Loramet)]

로르메타제팜(lormetazepam)도 단시간 작용형 수면제다. 일반적으로 벤조다이아제핀 계열의 약물은 간에서 대사된 후에 몸 밖으로 배출된다. 따라서 간 기능에 장애가 있으면 약물 대사 과정이 원활하게 진행되지 않아서 체내에 약물이 남게 된다. 그런데 로르메타제팜은 간에서 분해되지만 대사 과정에서 간 기능 장애나 연령 증가의 영향을 크게 받지 않는 것으로 알려져 간에 이상이 있는 환자나 고령층에 주로 쓰이고 있다.

플루니트라제팜[제품명: 라제팜(Razepam)]

경구 투여뿐만 아니라 주사제도 있는 플루니트라제팜(flunitrazepam)은 널리 사용되는 중장시간형 수면제다. 불면 개선 효과도 있지만, 근육 이완 작용이나 항경련 작용도 강하게 나타난다. 플루니트라제팜 자체의 반감기는 6~7시간 정도이지만 대사활성물질의 반감기가 20~30시간이기 때문에 대체로 중장시간 작용형으로 분류되어 중도각성이나 조조각성 등 수면 유지 불면증에 주로 쓰인다. 반동성 불면이 비교적 적게 나타나므로 수면제를 중단할 때 약물의 부작용을 줄이면서 조금씩 감량해나갈 수 있다.

플루라제팜[제품명: 달마돔(Dalmadorm)]

플루라제팜(flurazepam)은 대사활성물질을 포함해 반감기가 20시간 이상 되는 장시간형 수면제다. 장시간 작용형 약물을 장기간 사용하면 잠자기 전에 복용해도 주간의 혈중 농도가 일정 수준 이상으로 유지된다. 벤조다이아제핀 계열의 약물은 항불안 작용도 있어서 중도각성이나 조조각성은 물론이고, 낮 동안의 불안감 해소에도 효능이 있다. 하지만 주간졸림과 몽롱함, 나른함 등의 부작용도 심해서 고령자의 경우 약물이 체내에 축적되지 않도록 복용량에 항상 유념해야 한다.

쿠아제팜[제품명: 울란(Ulran)]

쿠아제팜(quazepam)과 그 대사활성물질의 반감기는 35~40시간으로 장시 간 작용형 수면제에 속한다. 쿠아제팜은 다른 장시간형 수면제와 마찬가지로 반동성 불면의 부작용이 적고, ω1 수용체에 대한 친화성이 높고, 근육 이완 작용은 약한 점이 특징이다. 중도각성이나 조조각성이 있는 불면증에 주로 처 방된다. 하지만 주간졸림이나 휘청거림, 권태감 등의 부작용이 나타나기 때문 에 고령자는 신중하게 고려한 뒤에 복용해야 한다.

에틸 로플라제페이트[제품명: 빅손(Bigson)]

항불안제인 에틸 로플라제페이트(Ethyl loflazepate)는 좁은 의미에서 보면 수 면제가 아니지만 신경증에서 비롯된 불안, 긴장, 우울, 수면장애 등에 효과를 나타낸다. 수면장애를 가진 환자는 대체로 주간에 과도하게 긴장하거나 야간에 수면 시간이 가까워지면 불면증에 대한 불안감이 강해져서 저녁 시간을 편안하게 보내지 못할 때가 많다. 그런 의미에서 저녁식사 후에 에틸 로플라제페이트를 투여해서 저녁 시간대에 긴장을 풀면 수면제의 효능을 높일 수 있다.

에틸 로플라제페이트의 반감기는 대사활성물질을 포함하면 100시간 이상이다. 꽤 긴 시간 동안 약물의 영향을 받기 때문에 하루 중 어느 시간대에 복용하더라도 일정 기간 사용하면 혈중 농도가 유지된다. 근육 이완 작용이 다소 약해 고령층에 사용할 수도 있지만, 다른 장시간 작용형과 마찬가지로 대사 기능이 떨어질 때는 체내에 축적될 수도 있으니 각별히 주의해야 한다.

라멜테온[제품명: 로제렘(Rozerem)]

라멜테온(ramelteon)은 지금까지 소개한 벤조다이아제핀 수용체에 작용하는 약물과 전혀 다른 형태다. 라멜테온은 뇌의 솔방울샘에서 분비되는 멜라토닌에 작용하는 수용체에 대해 멜라토닌과 유사한 작용을 하는 약물, 즉 '멜라토닌 수용체 작용제'로 분류된다. 라멜테온의 특징으로 근육 이완 작용이 없다는 점을 꼽을 수 있는데, 이와 같은 측면에서 노년층에 사용하기 적합한 약물이라고 말할 수 있다.

다만 라멜테온은 불면증 치료제의 하나이지만, 졸음을 불러오는 수면 개시 작용은 그다지 강력하지 않다. 반면에 실제 멜라토닌처럼 멜라토닌 위상반응곡선에 근접하는 형태로, 하루주기 리듬의 위상을 변화시키는 효과를 얻을 수 있다. 따라서 수면 클리닉에서는 하루주기리듬 수면-각성장애의 치료제로 라멜테온을 사용하기도 한다.

4.4 수면제의 부작용

반동성 불면

수면제의 부작용으로 '반동성 불면(rebound insomnia)'이 있다. '반동'은 반작용을 말하며, 약을 갑자기 끊었을 때 불면 증상이 다소 심각한 형태로 재발하는 현상이 반동성 불면이다. 이런 수면제의 부작용을 모르고 불면증이 개선되자마자 약물을 중단하면 다시 불면증이 심해져 더 많은 양의 수면제를 복용하게 되는 악순환을 초래할 수도 있다. 따라서 처음에 수면제를 복용할 때는 물론이고 약물치료를 중단할 때도 전문의의 지도가 반드시 필요하다.

반동성 불면이 발생하는 원인은 약물의 혈중 농도가 갑자기 감소하기 때문이다. 초단시간 혹은 단시간 작용형 수면제 치료를 급작스럽게 중단하면 전날 복용한 약물의 혈중 농도가 굉장히 낮아지기 때문에 반동성 불면을 유발할 수 있다. 반면에 중장시간 작용형 수면제는 복용을 중단한 다음날에도 어느 정도 혈중 농도가 유지되어서 반동성 불면이 거의 나타나지 않는다. 따라서 약물 복용을 중단할 때는 혈중 농도를 조금씩 감소시켜나가는 식으로 적절한 대처법이 필요하다. 이를 테면 수면제의 작용 시간이 짧은 초단시간형이

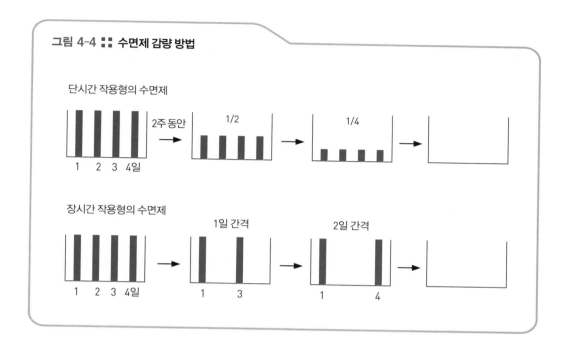

그림 4-4 :: 수면제 감량 방법

단시간 작용형의 수면제

2주 동안 1/2 1/4

1 2 3 4일

장시간 작용형의 수면제

1일 간격 2일 간격

1 2 3 4일 1 3 1 4

나 단시간형의 경우에는 용량을 아주 조금씩 감량해야 한다. 한편 중장시간 작용형 수면제는 이틀에 한 번꼴로 복용하면 금단 증상 없이 약물을 중단할 수 있다(그림 4-4).

약물 복용을 중단할 때는 각 수면제의 특징도 고려해야 하기 때문에 수면 전문의와 상담해야 한다는 사실을 꼭 기억해두었으면 한다.

수면제의 상호작용

벤조다이아제핀 계열의 수면제는 알코올과 상호작용이 있기 때문에 술을 마신 후에 복용하지 않도록 각별히 유념해야 한다. 폭음한 상태에서 수면제를 복용하면 강력한 호흡 억제가 생겨나서 심하면 사망에 이를 수도 있다. 만약 불면증이 심하다면 술이 아닌 수면제를 의사의 처방에 따라 복용하자. 알코올은 수면의 질을 심각하게 떨어뜨린다.

건망증

벤조다이아제핀 계열의 수면제는 건망증을 유발하기도 한다. 건망증이란 일종의 기억장애를 말하는데, 건망증이 부적절한 행동을 야기할 때도 있다. 특히 트리아졸람을 복용하는 환자들 중에 부작용으로 건망증을 호소하는 경우가 많지만, 다른 벤조다이아제핀의 계열 약물에서도 건망증의 위험은 종종 보고되고 있다. 지금까지의 임상 보고에 따르면 해외여행에서 비롯된 시차증을 개선하기 위해 트리아졸람을 복용하고 잠을 충분히 잔 것까지는 좋았는데, 수면제 복용 이후 10시간 정도의 기억이 사라졌다는 사례도 있었다. 기억상실이 발생하는 메커니즘은 아직 정확하게 밝혀지지 않았지만, 벤조다이아제핀 계열의 약물이 뇌의 편도체 부위에 작용해서 기억과 관련된 뇌의 활동을 방해하는 것으로 추측하고 있다.

근육 이완 작용

벤조다이아제핀 계열의 수면제는 근육 이완 작용이 있어서 어지럼증, 휘청거림 등의 부작용이 나타날 수 있다. 노인의 경우 수면제를 복용한 후 야간에 화장실을 이용할 때 넘어질 수도 있으니 항상 신경 써야 한다.

수면제의 체내 축적

수면제는 체내에서 대사되어 체외로 배출된다. 따라서 수면제를 매일 복용하더라도 혈중 농도가 일정 수준 이상으로는 대개 상승하지 않는다. 하지만 질환 등으로 대사 기능이 떨어졌을 때는 체내에 약물이 고농도로 축적될 수 있다. 만약 약물의 혈중 농도가 과도하게 증가했을 때는 낮에 몽롱함을 느끼고, 의식 저하, 의식장애의 일종인 섬망 등이 나타나기도 한다. 이는 특히 고령층에서 주의해야 하는 부작용으로, 오래 전부터 같은 양을 복용했더라도 연령 증가와 함께 대사 속도가 조금씩 떨어져서 체내에 약물 성분이 더 많이 축적될 수 있으니 조심해야 한다.

- 오늘날 사용되고 있는 수면제는 주로 벤조다이아제핀 계열과 그 유사 약물로, 비교적 안전하다.

- 벤조다이아제핀 수용체에 작용하는 수면제는 억제성 신경전달물질인 가바(GABA)의 활동을 증강시킨다.

- 혈중 농도가 반으로 줄어드는 시간(혈중 반감기)에 따라 초단시간형, 단시간형, 중간형, 장시간형 등으로 수면제를 분류하고 있다.

- 최근에 개발된 수면제 가운데는 근육 이완 작용 등의 부작용이 경미한 약물도 있다.

- 멜라토닌 수용체에 작용하는 라멜테온이라는 약물이 새로운 불면증 치료제로 떠오르고 있다.

찾아보기

참고 문헌

1) American Academy of Sleep Medicine, 《The International Classification of Sleep Disorders, Second Edition》, American Academy of Sleep Medicine, 2005 : 《수면장애의 국제분류 제2판》, 대한수면의학회 옮김, 대한의학서적, 2011.

2) 日本睡眠学会 編, 《睡眠学(수면학)》, 朝倉書店, 2009.

3) Meir Kryger, Thomas Roth, William Dement, 《Principles and Practice of Sleep Medicine, 5th Edition》, Saunders, 2009.

4) 内山真 編, 《睡眠障害の対応と治療ガイドライン 第2版》, じほう, 2012.

옮긴이 _ 황소연

대학에서 일본어를 전공하고 첫 직장이었던 출판사와의 인연 덕분에 지금까지 20여 년간 전문 번역가로 활동하면서 〈바른번역 아카데미〉에서 출판번역 강의도 맡고 있다.

어려운 책을 쉬운 글로 옮기는, 그래서 독자를 미소 짓게 하는 '미소 번역가'가 되기 위해 오늘도 일본어와 우리말 사이에서 행복한 씨름 중이다.

옮긴 책으로는 《내 몸 안의 두뇌탐험 정신의학》, 《내 몸 안의 생명원리 인간생물학》, 《내 몸 안의 지식여행 인체생리》, 《내 몸 안의 작은우주 분자생물학》, 《내 몸 안의 주치의 면역》, 《우울증인 사람이 더 강해질 수 있다》, 《유쾌한 공생을 꿈꾸다》 등 100여 권이 있다.

내 몸 안의 잠의 원리, 수면의학

개정판 1쇄 인쇄 | 2021년 6월 10일
개정판 2쇄 발행 | 2024년 7월 30일

지은이 | 우치다 스나오
옮긴이 | 황소연
펴낸이 | 강효림

편집 | 곽도경
디자인 | 채지연

종이 | 한서지업㈜
인쇄 | 한영문화사

펴낸곳 | 도서출판 전나무숲 檜林
출판등록 | 1994년 7월 15일 · 제10-1008호
주소 | 10544 경기도 고양시 덕양구 으뜸로 130
          위프라임트윈타워 810호
전화 | 02-322-7128
팩스 | 02-325-0944
홈페이지 | www.firforest.co.kr
이메일 | forest@firforest.co.kr

ISBN | 979-11-88544-70-7 (44470)
ISBN | 979-11-88544-31-8 (세트)

전나무숲 건강편지를
매일 아침, e-mail로 만나세요!

전나무숲 건강편지는 매일 아침 유익한 건강 정보를 담아 회원들의 이메일로
배달됩니다. 매일 아침 30초 투자로 하루의 건강 비타민을 톡톡히 챙기세요.
도서출판 전나무숲의 네이버 블로그에는 전나무숲 건강편지 전편이 차곡차곡
정리되어 있어 언제든 필요한 내용을 찾아볼 수 있습니다.

http://blog.naver.com/firforest

 '전나무숲 건강편지'를 메일로 받는 방법 forest@firforest.co.kr로 이름과 이메일 주소를
보내주세요. 다음 날부터 매일 아침 건강편지가 배달됩니다.

유익한 건강 정보,
이젠 쉽고 재미있게 읽으세요!

도서출판 전나무숲의 티스토리에서는 스토리텔링 방식으로 건강 정보를
제공합니다. 누구나 쉽고 재미있게 읽을 수 있도록 구성해, 읽다 보면 자연스럽게
소중한 건강 정보를 얻을 수 있습니다.

http://firforest.tistory.com